I0023554

LE GUIDE

DU PROPRIÉTAIRE

D'ABEILLES,

PAR

COLLIN, CURÉ DE TOMBLAINE

(Pre... M...)

SOCIÉTÉ CENTRALE D'AGRICULTURE DE ...

SECONDE ÉDITION

PRIX : 2 FRANCS.

PARIS   NANCY
RUE DE ... GOIN   A LA LIBRAIRE DE ...
... Augustin, ...   Rue Jeanne...

... chez l'auteur, à Tomblaine, par Nancy

1860

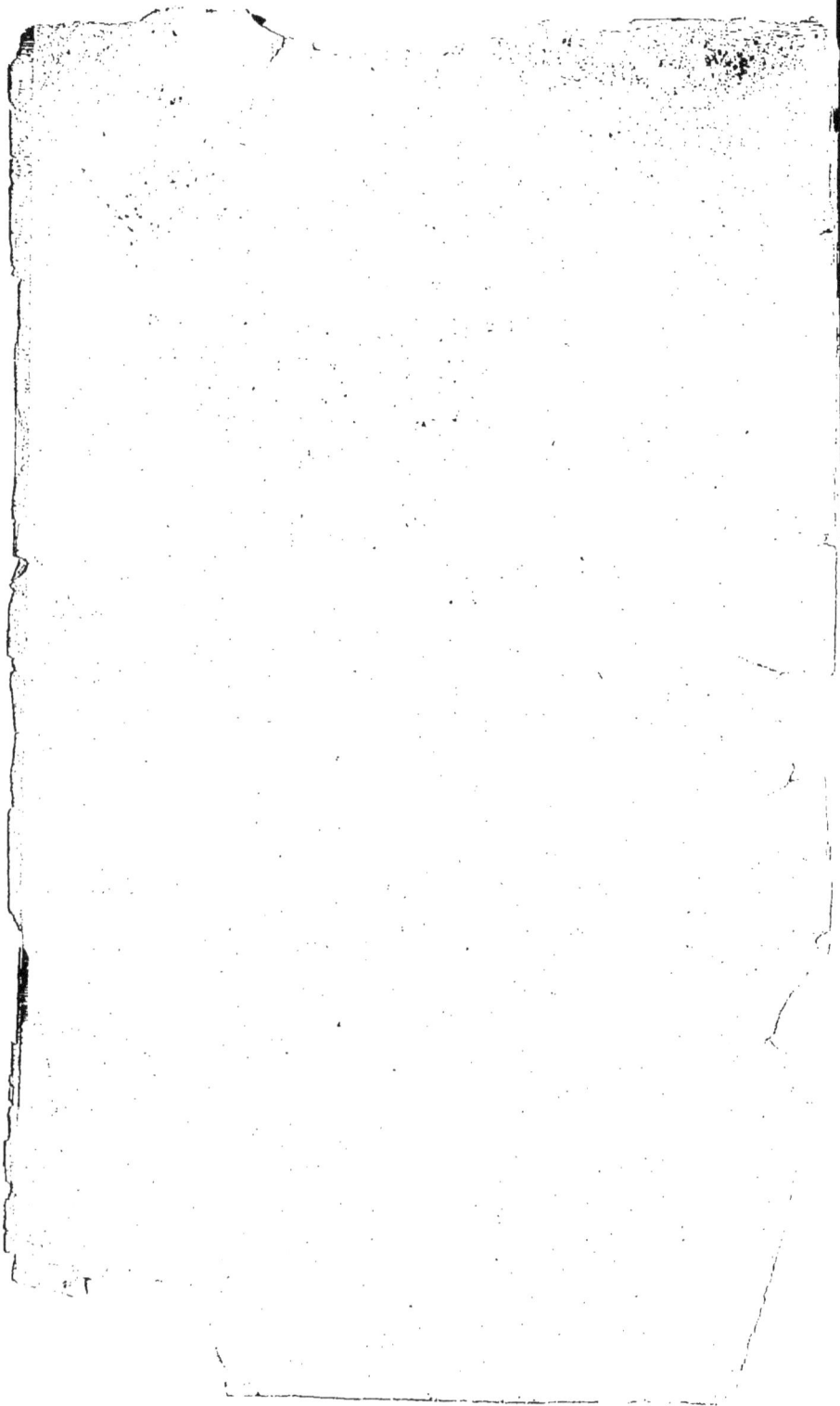

LE GUIDE

DU PROPRIÉTAIRE D'ABEILLES.

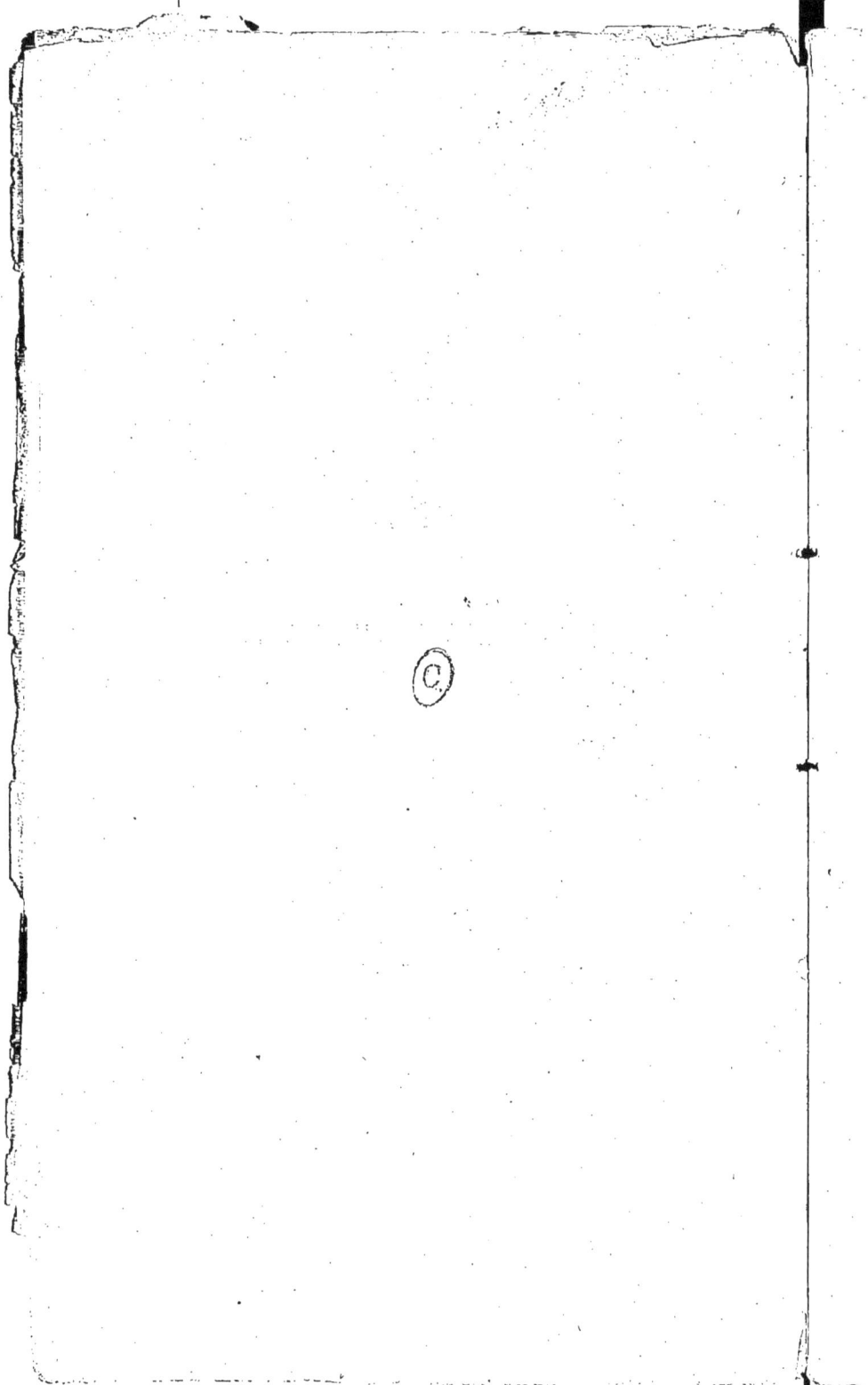

LE GUIDE
DU PROPRIÉTAIRE
D'ABEILLES,

PAR

S.-A. COLLIN, CURÉ DE TOMBLAINE

(Près de Nancy),

DE LA SOCIÉTÉ CENTRALE D'AGRICULTURE DE NANCY.

SECONDE ÉDITION.

PARIS,
A LA LIBRAIRIE DE A. GOIN,
Quai des Grands-Augustins, 41.

NANCY,
A LA LIBRAIRIE DE VAGNER,
Rue du Manége, 3.

1860.

AVIS AU LECTEUR.

Le Guide du propriétaire d'abeilles est divisé en trois parties bien distinctes : la partie historique ou l'histoire naturelle des abeilles ; la partie pratique ou la culture des abeilles ; la troisième partie , appelée mélanges apicoles.

La première partie n'est pas indispensable ; cependant, si un maître conduit plus sûrement un élève dont il connaît le caractère et les habitudes, un apiculteur aussi dirigera mieux son rucher s'il a le secret des lois et des mœurs des abeilles. Pour l'histoire naturelle, je me suis placé au point de vue de l'apiculteur, c'est-à-dire, que j'ai insisté particulièrement sur les faits utiles, bien constatés, ceux qui peuvent avoir quelque influence sur la pratique. L'histoire naturelle sera comme un mémoire explicatif, et donnera la clé des méthodes suivies dans la seconde partie.

Le plus grand nombre des apiculteurs n'ont ni le temps ni la volonté d'étudier l'abeille. Ils recherchent avant tout des conseils pour la conduite de leurs ruchers. Je leur ai donné ces conseils dans la seconde partie qui est entièrement consacrée aux soins habituels que réclament les abeilles, pendant tout le cours de l'année, à commencer au 1er mars. Cette partie, dès les premiers jours du printemps, s'empare du rucher ; à dater de cette époque , elle le surveille en quelque sorte jour par jour, en suivant l'ordre des saisons , et ne l'abandonne qu'à la fin de l'hiver. C'est la partie la plus importante; elle suffit à elle seule pour guider l'apiculteur. Elle est exclusivement pratique. J'ose espérer qu'elle satisfera celui qui ne veut autre chose que tirer le meilleur parti de ses abeilles.

Enfin, la troisième partie est un mélange de choses diverses, sans liaison entr'elles, mais se rattachant toutes à la culture des abeilles. Elle nous fera connaître la ruche la plus avantageuse, les lois sur les abeilles, l'instrument à produire la fumée, le piége à faux-bourdons. Elle nous dira la manière de façonner le miel et la cire, etc. Je l'ai placée à la fin de l'ouvrage, parce qu'elle ne devra être consultée que rarement.

La première édition du *Guide du propriétaire d'abeilles* a été honorée d'une médaille de première classe, au concours agricole qui a eu lieu, à Paris, au mois d'août 1859. Cet honneur est pour moi, moins une récompense qu'un encouragement, c'est une obligation de faire mieux ; j'ai réuni tout mes efforts pour m'en acquitter dans cette nouvelle édition.

Je manquerais à la justice et à la reconnaissance, si je ne disais pas ici ce que je dois à M. Hamet, professeur d'apiculture au jardin du Luxembourg, et directeur du journal l'*Apiculteur*. Il m'a appris, dans son journal et dans son excellent *Cours pratique d'apiculture,* beaucoup de choses que j'ignorais. J'en ai fait mon profit pour cette seconde édition.

Je n'avais pas de renseignements positifs sur l'apiculture des montagnes des Vosges. M. Morizot, curé de Bussang, l'un des apiculteurs les plus capables de cette contrée, a bien voulu me donner des conseils que j'ai suivis avec une entière confiance.

S.-A. COLLIN.

ORDRE DES MATIÈRES.

TROISIÈME PARTIE. — MÉLANGES APICOLES.

APPENDICE.

LE GUIDE

DU PROPRIÉTAIRE D'ABEILLES.

PREMIÈRE PARTIE.

HISTOIRE NATURELLE DES ABEILLES.

L'histoire naturelle des Abeilles comprend six ordres de faits : 1° la description, les sens des Abeilles ; 2° leurs fonctions, leurs mœurs ; 3° leurs édifices ; 4° leurs produits, miel, cire, pollen, propolis ; 5° leur multiplication par le couvain et l'essaimage ; 6° quelques particularités chez les Abeilles.

SENS, MŒURS DES ABEILLES.

1. AVIS UTILE. — Les apiculteurs qui ne voudront que des conseils pour la conduite de leurs ruchers passeront immédiatement à la seconde partie, qui commence par l'article 46.

Les chiffres qui se trouvent entre parenthèses indiquent les articles à consulter.

2. **Famille des abeilles.** — Il y a trois sortes d'abeilles dans une ruche : la reine, qui est unique, excepté au temps des essaims ; les faux-bourdons ou mâles et les abeilles ouvrières qui constituent la population.

L'abeille ouvrière est de couleur brune et revêtue, sur presque toutes les parties, d'une sorte de duvet de poils très-fins. Des dents, une trompe et six pattes disposées par paires, sont les principaux instruments qui ont été accordés aux ouvrières pour exécuter leurs différents travaux. Les dents sont deux petites écailles tranchantes qui jouent horizontalement, non verticalement comme celles de l'homme; la trompe, sorte de langue très-longue et garnie de-poils comme le reste du corps, n'agit pas comme une pompe; l'abeille, il est vrai, la déploie et l'allonge à son gré, mais c'est en léchant, non en aspirant, qu'elle la charge d'une liqueur qu'elle fait passer dans la bouche, pour ensuite la faire descendre, par l'œsophage, dans l'estomac qui en est le réservoir. Cette liqueur est le miel.

C'est avec ses dents et ses pattes que l'abeille ramasse le pollen des fleurs; elle en saisit avec ses dents les granulés que les pattes de la première paire, faisant l'office de mains, transmettent à celles de la deuxième; enfin, celles-ci les déposent dans des poches dont la nature a muni à cet effet les pattes de la troisième paire. Ce dépôt est fixé à sa place, par des coups répétés. Toute l'opération se fait avec autant de célérité que d'adresse.

La reine est un peu plus grosse et beaucoup plus grande que l'abeille ouvrière, plus rousse en dessus et un peu jaunâtre en dessous. Ses dents ou mâchoires sont plus courtes et sa trompe plus déliée; mais ses pattes plus longues n'ont ni brosses ni poches; son ventre est plus allongé et plus pointu; ses ailes paraissent très-petites et finissent au quatrième anneau de son corps. Son allongement ainsi que ses autres proportions ne permettent pas de la confondre avec l'abeille ouvrière. L'aiguillon de la

reine est plus fort et plus recourbé que celui des ouvrières; elle ne s'en sert jamais que pour tuer les reines,
ses rivales.

Le mâle ou faux-bourdon est beaucoup plus gros que
l'abeille ouvrière, et moins long que la reine. Sa tête est
ronde; son corps est aplati et noirâtre; ses mâchoires et
sa trompe sont plus petites; ses pattes sont dépourvues de
poches, et il n'est point armé d'aiguillon. Le bruit qu'il
fait en volant l'a fait nommer faux-bourdon et le distingue
des ouvrières.

Le corselet du bourdon a environ cinq millimètres six
dixièmes de diamètre; celui de la reine en a cinq; celui
de l'abeille ouvrière a quatre millimètres quatre dixièmes.
Ces mesures sont plutôt fortes que faibles.

Nous ne connaissons en France qu'une espèce d'abeille;
les auteurs qui nous parlent encore de l'abeille commune
et de la petite hollandaise seraient bien embarrassés,
peut-être, si nous les mettions en demeure de les mon-
trer. Depuis quelques années, on parle beaucoup d'une
seconde espèce, de l'*abeille ligurienne*, qui existerait en
Italie et que l'on aurait importée en Allemagne. J'ignore
ce qu'il en est. (Fig. 1, 2, 3.)

3. **Sens des abeilles.**—Pendant la nuit, les abeilles
volent au hasard, ce qui paraît indiquer qu'elles ne voient
point dans l'obscurité. Il est présumable que dans l'intérieur de la ruche, où le travail se continue de nuit comme
de jour, le sens du toucher et de l'odorat suppléent à la
vue. Le sens du toucher paraît principalement placé dans
les antennes. Dès que deux abeilles se rencontrent, on les
voit se toucher avec ces espèces de cornes qui semblent
très-sensibles. L'amputation d'une seule antenne ne paraît
pas affecter leur instinct, mais quand on les prive de

toutes les deux, elles sont incapables de continuer leurs travaux, alors elles sortent de la ruche pour n'y plus rentrer.

Quant à l'ouïe, on sait que le son qu'elles produisent avec leurs ailes est fréquemment un signe de rappel. Le chant ou le cri de la reine réduit les ouvrières à un état d'immobilité. Qu'on place une ruche dans une chambre très-obscure, le bourdonnement attirera les abeilles égarées et répandues dans les différentes parties de la chambre; on a beau couvrir la ruche, la déplacer, toujours elles se dirigent vers le point d'où vient le bruit.

Leur odorat est très-délicat, puisque, au sortir de la ruche, on les voit, attirées par les émanations des fleurs, voler en ligne droite à la distance de deux à trois kilomètres, pour y chercher les plantes qui leur promettent une abondante récolte.

4. Fonctions des ouvrières.—Les ouvrières exécutent toutes les constructions, tous les travaux nécessaires à la conservation et à la propagation de la famille. Ces constructions, ces travaux se font avec une entente admirable. On dirait que les abeilles ont reçu des ordres précis: celles-ci pour aller chercher à la campagne de la nourriture et des matériaux; celles-là pour nourrir et soigner les enfants communs; les unes pour veiller à la garde et à la sûreté de la famille; les autres pour entretenir la salubrité du logement par la ventilation et la propreté.

Cependant, c'est l'ouvrière qui est à la fois gouvernement et police; elle ne reçoit de la reine aucun ordre, aucune direction; mais, pour développer toute son industrie, il lui faut la présence d'une reine adulte, ou d'une reine au berceau: car, du moment qu'elle se trouve dans l'im-

possibilité de s'en procurer une, l'instinct de la propagation, qui est l'origine et la cause de toute son activité,
s'affaiblit et, quelquefois, finit par s'éteindre.

5. **Mœurs des ouvrières.** — L'abeille, ayant été
créée pour vivre en société, a dû recevoir les mœurs,
les instincts qu'exige cet état; aussi, il règne dans la
famille la meilleure intelligence, l'harmonie la plus parfaite. Le fruit du travail, le butin de chaque individu devient la propriété de tous. Mais une famille ne doit pas se
confondre avec une autre famille. De là, pour conserver
la nationalité et l'autonomie, cette aversion, ces combats
entre les individus de colonies différentes. La durée de la
famille est attachée à l'existence de la reine. De là l'attachement de la famille pour la reine; de là son désespoir
quand elle la perd, désespoir qui se calme dès qu'une reine
au berceau peut la remplacer.

L'abeille est agressive, seulement quand elle croit
la famille en danger, c'est-à-dire quand on approche
de son habitation ou qu'on veut l'y troubler; mais,
dans ses courses à la campagne, elle est entièrement
inoffensive. En voici la preuve : si, au printemps
ou en automne et à quelque distance du rucher,
vous exposez en plein air un rayon de miel, il sera
bientôt visité par une immense quantité d'abeilles qui se
disputeront une part du butin. Eh bien! secouez ce rayon
sans inquiétude, si vous êtes piqué, ce ne sera que par
une abeille que vous aurez serrée maladroitement entre
vos doigts.

Huber et d'autres auteurs à sa suite se sont persuadés
que les ouvrières n'ont pas toutes la même conformation,
les mêmes aptitudes; que les unes, plus petites, qu'ils ap-

pellent nourricières, n'ont d'autre emploi que de nourrir
le couvain; que les autres, plus grosses, qu'ils appellent
cirières, ne s'occupent qu'à récolter le miel et à construire
les édifices. Cette distinction d'ouvrières de tailles différentes suppose nécessairement que les alvéoles des nourricières sont plus petits que ceux des cirières. Or, les
alvéoles d'ouvrières nouvellement construits ont tous le
même diamètre, et si l'on voit, dans une ruche, des ouvrières plus petites que d'autres, c'est tout simplement
qu'elles sont nées dans des cellules qui ont été tapissées
et rétrécies par les pellicules que d'autres abeilles, en
prenant naissance, y ont déposées. On peut se contenter
de cette preuve sur une question tout-à-fait étrangère à la
pratique.

6. **Distance que parcourent les abeilles.** —
Il paraît certain que les abeilles ne vont pas butiner au-delà
de trois kilomètres de leur habitation. En effet, si vous ne
transportez des ruches qu'à deux kilomètres, quelques
abeilles reviennent à leur ancienne place, ce qui n'arrive jamais pour une distance double. Deux ruchers, éloignés l'un
de l'autre d'un à deux kilomètres seulement, fournissent
quelquefois des récoltes bien différentes. Ces différences
des récoltes ne peuvent provenir que de celles des fleurs
qui se trouvent à portée de l'un ou de l'autre de ces ruchers. Celles qui sont au-delà de deux à trois kilomètres
ne servent donc pas à la pâture des abeilles.

7. **Durée de la vie des ouvrières.** —Je suis porté
à croire que peu d'ouvrières arrivent au terme assigné à
leur existence, et qu'une famille se renouvelle au moins
deux fois l'an. On sera disposé à partager cette opinion, si
l'on fait attention à la prodigieuse quantité de couvain

qu'une ruche forte élève depuis le printemps jusqu'à l'automne, et surtout quand on sait que ce couvain se renouvelle tous les vingt jours.

Les ouvrières sont exposées à toutes sortes de dangers : celles-ci deviennent la proie des oiseaux et des insectes ; celles-là, en grand nombre, sont surprises par des vents froids, des pluies, des orages ; beaucoup d'autres usent leurs ailes, et, après être parties pour butiner et s'être chargées de miel ou de pollen, ne peuvent plus retourner à leur ruche, et sont victimes de leur dévouement. En effet, au mois de juillet, on voit une grande quantité d'abeilles dont les ailes sont plus ou moins échancrées, tandis qu'en septembre, on n'en voit pas une ainsi mutilée. Sont-elles mortes dans les champs, ou bien, ont-elles été expulsées de la famille ?

8. **Fonction de la reine.** — La fonction unique de la reine est de pondre, c'est-à-dire de multiplier l'espèce. Elle n'a ni autorité, ni commandement sur les ouvrières. C'est donc improprement qu'on l'appelle reine. Le nom d'*abeille-mère* est le seul qui convienne à sa qualité exclusive de pondeuse. Cependant, on peut dire qu'elle maintient l'ordre et l'activité dans la famille, puisque, quand elles n'ont pas de reine, ou, du moins, l'espérance d'en voir naître une autre avant peu, les ouvrières, comme nous l'avons dit, se découragent et perdent une partie de leur instinct ; de plus, l'activité se mesure toujours à l'abondance de la ponte.

9. **Caractère de la reine.** — La reine est d'un caractère timide ; au moindre danger, elle fuit ; elle se cache sous les ouvrières. Pressée entre les doigts, elle ne sait pas même faire usage de son dard. Elle se laisse maltraiter par une simple abeille étrangère. Celle-ci lui tire

les ailes, les pattes, se dispose à la piquer; la reine, quoique plus forte, souffre tout, baisse la tête, resserre les anneaux de son ventre pour ne pas être piquée et fuit quand elle peut.

On a dit et répété que la vigilance de la reine est telle, que, si on frappe, même modérément, sur la ruche, plusieurs coups avec une baguette, elle accourt à l'endroit intérieur où elle a entendu le bruit. Tout ce que je sais, c'est que les coups de baguette, forts ou faibles, ne m'ont jamais réussi à attirer la reine où je la voulais.

La reine ne montre du courage que dans une seule circonstance : c'est contre les individus de son espèce et contre les ouvrières pondeuses. Les reines ont une telle aversion les unes contre les autres, que, même dans l'état de captivité, sous un verre, par exemple, la première qui rencontre l'autre la tue : elle la saisit, avec ses dents, à la naissance de l'aile, puis monte sur son dos et amène l'extrémité de son ventre sur les derniers anneaux de son ennemie, qu'elle parvient facilement à percer. Elle lâche alors l'aile qu'elle tient et retire son dard. La reine vaincue tombe et expire bientôt après. Cette aversion existe aussi contre les reines au berceau, mais seulement contre celles qui doivent naître dans cinq ou six jours.

10. **Fécondation de la reine.** — Le sixième ou septième jour après sa naissance, la reine, si le temps est beau, sort à l'heure où les bourdons s'ébattent dans les airs. Elle s'arrête un moment sur le plateau, ensuite elle prend son vol. Elle se retourne du côté de la ruche, comme pour la reconnaître; puis elle trace quelques cercles en l'air et s'élève enfin à une hauteur qui ne permet plus de suivre ses mouvements. Cette première sortie ne se prolonge pas au-delà de huit à dix minutes. Elle re-

vient et sort de nouveau au bout d'un quart d'heure. Après cette seconde absence, qui dure environ une demi-heure, elle rentre dans la ruche avec les signes de la fécondation, c'est-à-dire avec les parties fécondantes du mâle. La première sortie est toujours sans résultat, la seconde manque rarement son but. Ainsi, la fécondation a lieu dans les airs et non dans l'intérieur de la ruche.

Huber, l'auteur de cette découverte, assure en outre qu'une seule copulation rend la reine féconde pour deux ans au moins. Des faits dont j'ai été témoin tendent à confirmer l'assertion de ce célèbre naturaliste.

Quant à l'âge où les reines se font féconder, le même Huber dit positivement que c'est ordinairement le cinquième ou sixième jour après leur naissance. Malgré ma déférence pour notre maître à tous, je crois pouvoir affirmer que la fécondation n'a pas lieu avant le sixième ou septième jour.

Quelques auteurs, il est vrai, prétendent qu'elles se font féconder deux jours après leur naissance ; mais cette erreur vient, sans doute, de ce qu'on ne s'est pas entendu sur l'époque même de cette naissance. On doit la compter du jour où les reines sont parvenues à l'état d'insecte parfait, non du jour où elles sont sorties de leur cellule. Or, il en est qui n'en sortent que le troisième ou le quatrième ; alors ces trois ou quatre jours, ajoutés à deux, reviennent à peu près à notre compte. Voyez les articles 126 et 127.

11. Ponte de la reine. — Quarante-six heures après l'accouplement, la reine commence sa ponte qu'elle continue pendant toute la belle saison, à moins que la sécheresse ou une trop grande humidité ne s'oppose à la formation du miel dans les fleurs. La ponte est toujours proportionnée à l'abondance du miel et à la force de la colonie.

Elle est interrompue au mois d'octobre (1), quelquefois au mois de septembre, du moins dans nos contrées, pour être reprise sur la fin de décembre ou au commencement de janvier. L'existence du couvain en janvier, à la vérité peu abondant, est un fait certain. La grande ponte recommence, au printemps, au retour des fleurs. A cette époque, la reine, après avoir pondu des milliers d'abeilles ouvrières, commence la ponte des bourdons, mais sans interrompre celle des ouvrières. La ponte des mâles, toujours proportionnée à la population des ruches, est plus considérable et plus hâtive chez les unes, plus faible et plus retardée chez les autres. Elle continue jusqu'au moment où les ouvrières chassent les bourdons adultes.

C'est pendant la ponte des œufs de bourdons, que les ouvrières s'occupent de la construction du petit nombre de cellules destinées à servir de berceaux aux abeilles-mères ou reines. Cette construction n'est pas d'une nécessité absolue. Si la ruche est faible, ou si la température n'est pas favorable, les ouvrières ne construisent pas de cellules royales, parce qu'il n'y a pas lieu de fournir une colonie au dehors, et que, par conséquent, il est inutile d'avoir plusieurs reines. L'abeille-mère en parcourant les gâteaux pond à peine chaque jour dans deux cellules royales. Souvent même elle laisse un intervalle de deux à trois jours sans y pondre. Les ruches très-peuplées ont quelquefois de dix à quinze alvéoles royaux renfermant des reines de tout âge, c'est-à-dire sous la forme d'œufs, de vers, de nymphes. Le Créateur a voulu qu'il en fût ainsi pour que

(1) En 1857 et 1858, nos ruches avaient encore du couvain en novembre : c'est que les abeilles avaient récolté passablement de pollen en octobre, et que toujours elles élèvent du couvain quand elles recueillent du pollen.

les naissances des reines fussent successives et pussent mieux fournir aux besoins des essaims.

12. **Fausse notion sur la jeune reine.** — Une jeune reine ne pond presque jamais des œufs de bourdons pendant les dix premiers mois de son existence. De là, on a conclu qu'elle ne pouvait pas en pondre. Placez une jeune reine dans les mêmes circonstances qu'une reine de deux ans, et vous verrez que si cette dernière pond des bourdons, l'autre en pondra aussi. Faites naître une reine sur la fin d'avril, donnez-lui une grande population, et vous aurez bientôt le plaisir de lui voir une génération masculine aussi nombreuse que dans les autres ruches. Il faut aux abeilles, pour élever des bourdons, deux conditions essentielles : des fleurs et une forte population. Mais une jeune reine, dans nos contrées, ne se trouve presque jamais dans ces conditions. Est-il étonnant qu'elle ne ponde pas des œufs mâles ?

Une fécondation régulière, qui n'aurait d'effet complet que dans dix mois, ne me paraît pas conforme aux lois ordinaires de la reproduction.

Enfin, je puis citer des faits établissant qu'une jeune reine, tout aussi bien qu'une ancienne, possède la faculté de pondre des bourdons. 1° J'ai vu une grande quantité d'œufs de bourdons pondus par des reines âgées de cinq semaines. Ces œufs, à la vérité, ont disparu et ne sont pas arrivés à l'état de larves. 2° Au printemps de 1859, une jeune reine, âgée de neuf mois quatorze jours, a pondu dans mon rucher les premiers bourdons de l'année, et cela par la raison toute simple que sa ruche était la plus lourde et la plus peuplée.

13. **Durée de l'existence de la reine.** — Pour connaître avec certitude la durée de l'existence des reines, il faudrait couper une antenne à plusieurs dès leur nais-

sance (3), et les suivre jusqu'à leur mort ; je dis plusieurs parce qu'il y en a qui meurent la première ou la seconde année de leur vie. Cette expérience n'a pas encore été faite, mais il y a lieu de croire que la reine vit cinq ans, peut-être un peu plus.

Voici à quoi se bornent sur cette question mes observations personnelles :

Depuis le mois d'avril 1857, j'ai suivi avec une attention minutieuse, treize ruches dont les reines dataient quelques unes de 1855, mais le plus grand nombre, des années antérieures, en sorte que les plus jeunes avaient deux ans, les autres trois ans au moins. Une est morte en juin 1857, quatre en 1858, six en 1859. Eh bien ! Je crois être certain que celles que j'ai perdues en 1859, notamment une qui a péri le 13 mai de cette dernière année, dataient de 1854, peut-être même de 1853. Elles auraient donc vécu cinq ans au moins.

J'ai trouvé toutes ces reines, mortes ou mourantes, soit à la porte même, soit sur le sol en avant de la ruche.

La reine est trop lourde pour que l'ouvrière puisse porter loin son cadavre. Presque toutes étaient mutilées, à celle-ci les ailes manquaient ; à cette autre, une patte ou le torse d'une patte.

Toutes ont été remplacées, excepté une première, morte en hiver, dont la fille ne pondait, en avril 1859, que des bourdons, et une seconde morte le 2 octobre 1859, qui probablement sera remplacée par une reine du même genre, qui en 1860 pondra comme la première.

Une colonie qui perd sa reine, subit toujours un état stationnaire plus au moins long, soit avant, soit après la mort. On est souvent étonné qu'une ruche ne donne pas en été ce qu'elle promettait au printemps. La cause la plus ordinaire de son peu d'activité c'est la vieillesse de la reine, je dis la cause la plus ordinaire, parce qu'il y a parfois de jeunes reines peu fécondes, et dans ce cas, l'activité des ouvrières s'en ressent, car, comme nous l'avons dit art. 4, cette activité se mesure toujours sur l'abondance du couvain.

14. Fonctions des faux-bourdons. — Les faux-bourdons ne travaillent point; ils ne paraissent chargés que du soin de féconder la reine. Les naturalistes ne leur donnent pas d'autre destination. Mais pourquoi sont-ils aussi nombreux, puisque, d'après Huber, un seul suffit pour féconder la reine pendant deux ans au moins ? j'avoue mon insuffisance pour répondre à cette question. Cependant, on ne peut admettre qu'ils fassent l'office de couveuses, ainsi que quelques auteurs l'ont avancé, car les bourdons ne se tiennent pas sur le couvain; ils habitent de préférence les gâteaux latéraux, et ceux du fond où les abeilles emmagasinent le miel. Les ruches médiocrement peuplées celles qui auraient le plus grand besoin de couveuses, élèvent néanmoins peu de bourdons, souvent même elles les chassent et les détruisent à fur et à mesure de leur naissance.

15. Particularités sur les bourdons. — Les bourdons, chez les populations très-fortes, naissent quelques semaines plus tôt et en plus grand nombre que dans les populations ordinaires. En mars 1858, on a pu voir, dans quelques ruches, du couvain de bourdons. C'est la première fois que j'ai vu ce fait dans nos contrées. On ne l'y voit ordinairement que dans le courant d'avril.

Il y a des bourdons de petite, de moyenne et de grande taille. Les premiers sont rares; ils naissent dans des cellules d'ouvrières; les seconds, plus communs, naissent dans les cellules intermédiaires, qui servent à raccorder les grands alvéoles avec ceux d'ouvrières; enfin, les bourdons à grande taille forment la très-grande majorité.

Au sortir de la ruche, les bourdons sont plus lourds que quand ils rentrent. Aussi, dans le premier cas, il n'en faut que 2,138 pour peser 500 grammes; tandis que, dans le second cas, il en faut 2,300. Il est à remarquer que le bourdon nymphe est plus lourd d'un tiers que le bourdon adulte, et qu'il est d'autant plus léger qu'il approche plus de l'état d'insecte parfait.

Outre la perte de poids que nous venons de signaler chez le bourdon qui rentre dans sa ruche, perte qui ne peut provenir que des excréments dont il s'est déchargé, il faut encore tenir compte d'une autre perte plus forte, produite par la transpiration insensible. Ces deux éléments réunis nous donneront une idée de la quantité de miel qu'un bourdon mange tous les jours.

16. Mœurs des Faux-Bourdons. — Les bourdons n'ont pas l'esprit de famille. Ils rentrent par habitude dans leur ruche natale. Mais s'ils ne la retrouvent plus, ils se rendent sans crainte aucune dans la voisine, où ils entrent sans opposition.

A l'intérieur de la ruche, les bourdons se tiennent dans le repos le plus complet. Je crois même qu'ils ne se donnent pas la peine d'aller prendre leur nourriture dans les cellules à miel, et qu'ils la reçoivent des ouvrières. Ils ne sortent qu'au milieu de la journée et par un beau temps. C'est entre une heure et trois heures qu'ont lieu leurs excursions dans les airs. Cependant ils devancent d'une heure et sortent à midi s'ils n'ont pu sortir les jours précédents. Dès que l'air fraîchit, ils se hâtent de rentrer. Aussi quand on en voit qui, malgré cela, restent dehors, ce sont des exilés qui voudraient bien rentrer dans la maison natale ou même dans quelque autre, mais qui en sont expulsés par les ouvrières. Au temps de leur expulsion vers le coucher du soleil, on en voit parfois un tas comme le poing à la porte de la ruche.

17. Durée de la vie des Faux-Bourdons.—Les bourdons ne sont pas inquiétés dans les colonies désorganisées qui n'élèvent que du couvain de bourdons (39 et 42). Néanmoins ils ne paraissent pas y vivre longtemps. Car il y en a beaucoup moins en septembre qu'en juin dans une ruche qui a perdu sa reine à la suite de l'essaimage.

Dans les ruches bien organisées, la présence des bourdons tient à la récolte du miel. Ils sont chassés en mai ou en juin, si les ouvrières ne trouvent point de pâture. Ils sont tolérés jusqu'au mois de septembre quand juillet et août en fournissent, mais généralement dans nos contrées, les bourdons disparaissent dans le courant de juillet.

Si le miel manque entièrement, la guerre est acharnée. S'il n'est que peu abondant, elle se fait plus mollement. Il arrive parfois qu'ils sont proscrits et ensuite tolérés : c'est l'abondance qui a succédé à la pénurie. Enfin, certaines populations, sans cause connue, les chasseront plus tôt ou les conserveront plus tard que les autres. Une colonie qui perd sa reine par accident ou par le fait de l'homme, au moment du massacre des bourdons, les conserve jusqu'à la naissance et la fécondation de la jeune reine, qui doit remplacer l'ancienne.

On voit peu de bourdons tués près des ruches. Je crois que les uns, après avoir erré longtemps, tombent d'inanition et de fatigue, que les autres sont tués par les ouvrières que l'on voit souvent cramponnées sur leurs dos se laisser emporter par eux.

ÉDIFICES, PRODUITS, MULTIPLICATION
DES ABEILLES.

───※◇◇◇※───

18. Édifices des abeilles. — Le premier soin des abeilles, aussitôt qu'elles sont établies dans une ruche, c'est de faire des édifices qui servent de logement pour elles-mêmes, de berceau pour le couvain et de magasin pour les vivres. Ces édifices s'appellent gâteaux, rayons. Ils sont à deux faces composées chacune d'un grand nombre d'alvéoles ou cellules. Il y a des cellules de deux grandeurs ; les plus étroites servent de berceaux aux ouvrières ; les plus grandes, aux faux-bourdons, et toutes peuvent être employées à emmagasiner le miel. Le même rayon contient parfois des cellules des deux espèces, soit sur les faces opposées, soit sur la même face. Dans ce dernier cas, les ouvrières savent raccorder les grands alvéoles avec les petits, au moyen d'un ou de deux alvéoles de grandeur moyenne. Les petites cellules occupent presque exclusivement le centre de la ruche et sont beaucoup plus nombreuses que les grandes.

Indépendamment de ces deux espèces d'alvéoles, on en trouve encore d'autres dans lesquels les abeilles doivent élever des reines. Ces alvéoles sont ordinairement placés sur le bord des gâteaux, ou dans les passages formés dans ceux-ci. Ils ont d'abord la forme et presque la grandeur du calice d'un gland de chêne. Les ouvrières les allongent à mesure que les vers royaux grossissent. Elles leur donnent une épaisseur considérable. Le dessus présente des enfoncements comme un dé à coudre; ils sont rongés et en partie détruits quelques jours après que les reines en sont sorties.

19. Détails sur les édifices des abeilles. — C'est dans la partie la plus élevée de leur habitation que les abeilles commencent leurs édifices. Elles bâtissent donc de haut en bas, mais elles peuvent construire de bas en haut. C'est ce qui arrive souvent lorsque, par exemple, on enlève la hausse supérieure d'une ruche, et qu'on la remplace par une hausse vide. Pour le dire en passant, ces constructions, dans la hausse vide, sont aussi bizarres que curieuses. Les abeilles bâtissent d'abord de bas en haut, puis, montant au sommet, elles bâtissent de haut en bas et dans une direction souvent contraire aux rayons du dessous.

On peut toujours déterminer les ouvrières à donner à leurs travaux la direction que l'on désire. Il suffit, pour cela, de fixer au sommet de la ruche une portion de rayon. Elles continuent ce rayon indicateur et construisent ainsi dans la direction désirée.

On remarque parfois qu'une moitié des rayons a une direction opposée à celle de l'autre moitié : c'est que deux essaims ont été ou se sont logés dans la même ruche, et que les constructions ayant été commencées par les familles encore complètes et indépendantes l'une de l'autre, ont été continuées quand les deux familles n'en ont plus formé qu'une, c'est-à-dire après la mort de l'une des deux reines.

Les cellules sont un peu inclinées du devant en arrière, de manière que le miel qui y est déposé y soit retenu. Par conséquent, le contraire arrive si on renverse la ruche sans dessus dessous.

20. Mesure et nombre des cellules. — Les alvéoles des ouvrières et des bourdons forment tous des hexagones.

L'apothème ou petit rayon d'un alvéole d'ouvrière a une longueur de 2 millimètres 6 dixièmes..... $2^{mm},6000$
Chaque côté du même alvéole a donc .... $3\quad,0020$
La surface en millimètres carrés est donc de.. $23\quad,4156$
Donc un gâteau d'un décimètre carré renferme 427 cellules sur chaque face, ou 854 sur les deux.
La profondeur des alvéoles est de........ $12\quad,0000$
Ceux qui servent à emmagasiner le miel ont quelquefois plus de profondeur.

L'apothème d'une cellule de bourdon est de.. $3\quad,3000$
Chaque côté de cette cellule a donc....... $3\quad,8110$
La surface, en millimètres carrés, est donc de.............................. $35\quad,4563$
Un gâteau d'un décimètre carré renferme donc 282 cellules sur chaque face, ou 564 sur les deux.
La profondeur des cellules est de......... $15\quad,0000$

D'après ces calculs on peut savoir approximativement le nombre de cellules que renferme une ruche de la capacité de 27 litres.

Cette ruche contient environ 64 décimètres carrés de gâteaux.

Les gâteaux à cellules d'ouvrières sont dans la proportion des trois quarts au moins.

Il y a donc, dans cette ruche, 48 décimètres carrés de gâteaux à cellules d'ouvrières, et 16 seulement à cellules de bourdons.

Or, le décimètre carré contenant 854 cellules d'ouvrières, les 48 donnent 40,992 cellules d'ouvrières.

Et le décimètre carré contenant 564 cellules à bourdons, les 16 donnent 9,024 cellules de bourdons.

La ruche renferme donc, en cellules des deux espèces, l'étonnante quantité de 50,016 cellules.

21. Couvercle ou opercule des cellules. — Le couvercle qui ferme les alvéoles, contenant des nymphes de bourdons ou d'ouvrières, est jaunâtre et bombé; celui qui opercule ceux contenant du miel est blanc et plat. Enfin, le couvercle des cellules où le couvain est pourri ou desséché n'est ni bombé ni plat, mais un peu concave ou déprimé par le milieu. Avec ces indications, il ne faut pas une longue pratique pour distinguer sûrement ce que renferme chaque cellule operculée.

22. Produits des abeilles, miel. — Outre le miel, les abeilles récoltent encore deux substances nommées *pollen* et *propolis*. Quant à la cire, elles la composent avec le miel. Nous allons nous occuper de ces quatre produits.

Tout le monde sait que les abeilles récoltent le miel sur les fleurs. Le temps le plus favorable à la sécrétion du miel est un temps doux, quelque peu humide. Le temps froid et sec, avec vent du nord, est contraire à cette sécrétion. Il en est de même après des pluies qui ont détrempé le sol, les fleurs ne donnent pas de miel. Dans les années humides, les abeilles amassent plus de miel sur les hauteurs que dans les vallées. C'est le contraire dans les années sèches. Nous supposons, bien entendu, que toutes les autres circonstances, notamment, le nombre et la nature des fleurs, restent les mêmes.

La rosée, aussi bien que la pluie, empêche les abeilles de butiner sur les fleurs.

Un indice certain, qu'elles trouvent beaucoup de miel, c'est lorsque le mouvement de sortie et de rentrée est aussi actif à six et sept heures du soir qu'à midi. Une forte odeur de miel autour du rucher, un bruissement intérieur vigoureux, voilà encore des indices certains. C'est surtout dans les essaims qu'on entend, le soir, ce bruissement. Ils travaillent à leurs édifices. Les abeilles en couvrent les rayons qu'elles prolongent sensiblement pendant la nuit, tandis que de jour ces rayons sont à découvert et n'avancent pas.

23. Miellée. — Ce n'est pas seulement dans le calice des fleurs qu'il se produit du miel; la tige herbacée de certaines plantes, entre autres les vesces d'hiver; les feuilles de plusieurs arbres, tels que le chêne vert, le tremble, le mélèze, les épicéas, etc., en secrètent aussi et quelquefois très-abondamment. C'est cette sécrétion que l'on appelle miellée.

Les excréments de deux variétés de pucerons sont encore du miel que les abeilles recueillent ainsi que la miellée. (Cours pratique d'apiculture par Hamet.) (1).

(1) Des personnes dignes de foi m'ont assuré que la miellée se trouve aussi, quelquefois en grande abondance, sur les feuilles du frêne, du platane, du hêtre et du tilleul. Je n'oserais dire que les arbres à feuilles persistantes, tels que le mélèze, les épicéas, les sapins, produisent cette sécrétion mielleuse.

24. Cire. — La cire est le produit d'une élaboration du principe sucré (miel et sucre) par des organes particuliers à l'abeille ouvrière. Elle se trouve en forme de lamelles sous les anneaux du ventre. L'abeille, avec une patte de la dernière paire, saisit ces lamelles, les porte à sa bouche, et, après leur avoir fait subir un travail de mastication, les emploie immédiatement à la construction des rayons.

Laissons Huber, l'auteur de cette découverte, nous dire ses belles expériences. « Nous prîmes une livre de sucre canarie (489 grammes de sucre blanc) réduit en sirop, et nous le donnâmes à un essaim que nous tînmes renfermé dans une ruche vitrée. Nous rendîmes cette expérience encore plus instructive, en établissant pour objet de comparaison deux autres ruches, dans lesquelles furent introduits deux essaims, qu'on nourrit, l'un avec de la cassonade très-noire, l'autre avec du miel. Le résultat de cette triple épreuve fut aussi satisfaisant qu'il était possible de l'espérer.

» Les abeilles des trois ruches produisirent de la cire; celles qui avaient été nourries avec du sucre de différentes qualités en donnèrent plus tôt et en plus grande abondance que l'essaim qui n'avait été alimenté qu'avec du miel.

» Une livre de sucre canarie, réduit en sirop et clarifié par le blanc d'œuf, produisit 10 gros 52 grains (41 grammes) d'une cire moins blanche que celle que les abeilles extraient du miel. La cassonnade, à poids égal, donna 22 gros (84 grammes) de cire très-blanche.

» Pour nous assurer de ces résultats, nous répétâmes cette expérience sept fois de suite avec les mêmes abeilles, et nous obtînmes toujours de la cire, et à peu près dans les proportions indiquées ci-dessus. Il nous paraît donc démontré que le sucre et la partie sucrée du miel mettent les abeilles, qui s'en nourrissent, en état de produire de la cire, propriété que les poussières fécondantes ne possèdent nullement. »

Le principe sucré est donc la seule et véritable origine de la cire.

25. Expérience sur la cire. — Les trois essaims de Huber ont été renfermés pendant tout le temps qu'ont duré les expériences (de quatre à cinq jours pour chacune); ils ont mangé beaucoup, car les abeilles en captivité mangent bien plus que dans l'état de liberté. Elles n'ont donc employé, pour la production de la cire, que l'excédant du miel ou du sucre qui a servi à leur nourriture. Donc il ne serait pas exact de dire que 489 grammes de sucre ne peuvent produire que 41 grammes de cire.

L'expérience suivante faite en 1859 semble prouver que, pendant la belle saison, la production de la cire coûte peu de miel aux essaims. Cette expérience, je le sais, n'est pas rigoureusement concluante, mais, au moins, elle fera naître des doutes aux apiculteurs qui croient que 4 kilogrammes de miel sont nécessaires pour produire 500 grammes de cire.

	18 juin.	24 juin.	9 juillet.	Différence.
Nº 1.	6,595.	7,015.	10,675.	4,080.
3.		6,650.	10,275.	3,625.
4.	18,940.	19,435.	21,800.	2,860.
12.	20,210.	20,735.	23,460.	3,250.

Le numéro 1 est un essaim du 18 juin 1859 logé dans une ruche vide. Il pesait, le même jour, 6,595 grammes, dont 1,835 pour les abeilles seules. Le 24 juin, il pesait 7,015 grammes. Les deux numéros 4 et 12, âgés de deux ans, n'avaient rien à construire ; ils paraissaient au moins aussi peuplés que le numéro 4, et, cependant, en comparant leurs poids du 18 et du 24 juin, on voit que le numéro 4 n'a augmenté que de 495 grammes et le numéro 12, de 525.

Ce n'est pas tout. Le numéro 5 est un essaim du 24 juin logé dans un bâtis. Il pesait, le jour même, 6,650 grammes, dont 1,900 pour les abeilles seules. Le 9 juillet, cet essaim, qui n'avait rien construit, pesait 10,275. C'est une augmentation de 3,625 grammes.

Mais l'essaim numéro 1 pesait, le 24 juin, 7,015 grammes, et le 9 juillet 10,675. C'est une augmentation de 3,660 grammes.

D'après ce tableau et les explications qui l'ont précédé on est forcé de reconnaître qu'au moment de la récolte la cire coûte très-peu de miel aux abeilles.

Mais ce qui paraît étonnant, c'est que les numéros 4 et 12, quoique au moins aussi peuplés que les essaims, n'aient pas amassé autant qu'eux. La principale cause de cette infériorité doit être attribuée à la consommation des bourdons qui y étaient nombreux (15), tandis que les essaims n'en avaient pas.

26. **Pollen.** — Le pollen est la poussière que l'on trouve sur les étamines des fleurs. Le plus souvent il est jaune. Mais à partir du mois de mai, on en voit du rouge, du blanc, du bronze, du noir. Les abeilles le recueillent dans la poche dont sont munies leurs pattes de la troisième paire, et l'emmagasinent dans les cellules d'ouvrières les plus rapprochées du couvain, on n'en voit pas dans les cellules de bourdons.

Le pollen ne sert et ne peut servir que pour la nourriture du couvain. Il n'est plus permis de lui attribuer une

autre destination. C'est mélangé au miel et préparé sous
forme de bouillie, qu'il est donné au couvain.

Les deux petites pelotes de pollen que l'ouvrière rapporte sont toujours de même couleur, ce qui prouve
qu'elle ne change pas de fleurs pour compléter sa charge.

Les abeilles butinent beaucoup plus de pollen au printemps qu'en été. La récolte augmente ou diminue selon
les besoins. Ainsi pendant quatre jours de beau temps,
elle sera plus abondante les deux premiers jours que les
deux derniers.

Pendant l'été, quand les abeilles ne trouvent plus ou
presque plus de miel, elles récoltent peu de pollen. Ce
n'est pas que cette matière leur manque, car les colonies
auxquelles on donne du miel en abondance élèvent du
couvain et savent trouver du pollen pour le nourrir.

27. **Pollen-rouget.**—A l'arrière-saison, il y a toujours,
dans les ruches, une certaine quantité de pollen en magasin; c'est une provision qui servira à la nourriture du
couvain, que les abeilles commencent à élever dès le mois
de janvier. Quand ce pollen est placé dans des cellules
trop éloignées du centre de la population, il est abandonné, il se durcit et devient impropre à l'usage auquel
il était destiné; il perd alors son nom propre pour prendre celui de *rouget*.

Les fortes populations se débarrassent aisément du *rouget*, en rongeant les cellules où il est entassé; néanmoins
elles ne se livrent à ce travail qu'autant qu'elles ont besoin des cellules pour augmenter leur couvain.

On peut reconnaître, au printemps, la partie des rayons
remplis de *rouget* : un petit duvet de moisissure en recouvre ordinairement la surface. On fait bien d'enlever

cette matière incommode, c'est un travail qu'on épargne aux ouvrières.

28. Pollen-surrogat. — A la fin de l'hiver et au commencement du printemps, lorsque les fleurs ne sont pas encore épanouies, et que le milieu du jour est beau, si les abeilles trouvent quelque part des farines de légumineuses telles que haricots, pois, lentilles, etc., ou parmi les céréales, celles de seigle, elles y butinent et y trouvent à remplacer le pollen. Mais aussi, dès que les fleurs donnent du pollen, elles délaissent les farines, que l'on ne doit cependant pas négliger de leur présenter au sortir de l'hiver. Ce surrogat leur facilite le moyen de commencer le couvain plus vite et de renforcer les populations. Il faut les leur présenter sèches et les placer à une petite distance du rucher. (Cours pratique d'apiculture par M. Hamet.)

Voir l'article 74 du *Guide*.

En 1858, du 18 au 29 mars, je voyais des abeilles poudrées d'une poussière grisâtre, et charriant cette poussière dans la corbeille des pattes de la dernière paire. J'en étais à chercher la fleur qui produisait ce pollen de nouvelle espèce, lorsque l'on me dit que des abeilles butinaient sur un tas de poussière près du moulin, je me hâtai d'y aller, et, en effet, je les vis butinant des parcelles de farine grossière que la râpe du tarare avait arrachées au blé. Cette petite récolte cessa dès que la campagne fournit du véritable pollen.

29. Propolis. — La propolis est une substance résineuse de couleur brunâtre ou rougeâtre. Huber a vu les abeilles recueillir la propolis sur les bourgeons du peuplier, et M. Hamet assure que le saule, le bouleau, l'orme et quelques arbres à feuilles persistantes en fournissent aussi.

La propolis devient molle pendant les chaleurs, sèche et cassante par le froid. C'est surtout en juillet, août et septembre, que les abeilles recherchent cette matière pour coller leur ruche au plateau, pour en enduire les parois intérieures et en boucher les petites ouvertures.

L'ouvrière charrie la propolis comme le pollen, dans les corbeilles des pattes de la troisième paire. On distingue assez facilement les pelotes de pollen des pelotes de propolis; celles-ci sont un peu luisantes, les autres sont mates et très-friables.

Les rainures intérieures des vieilles ruches en paille sont toujours enduites d'une couche épaisse de propolis. Quand on a de ces ruches vides, et qu'on les expose au soleil, elles sont souvent visitées par les abeilles. On peut alors se donner le plaisir de voir avec quelle célérité et quelle adresse nos ouvrières savent arracher cette résine avec les dents, et la faire passer sur les pattes de la dernière paire.

30. **Couvain.** — On appelle *couvain* les abeilles considérées sous la forme d'œufs, de vers, de nymphes. L'œuf est ovale, un peu courbé, d'un blanc bleuâtre; il est placé au fond de la cellule et il y est collé par un de ses bouts, au moyen d'une matière visqueuse dont il est enduit; il est assez semblable aux œufs, que les grosses mouches déposent sur la viande de boucherie. La chaleur de la ruche fait éclore les œufs sans que les abeilles aient besoin de les couver. Il sort de ces œufs un petit ver blanc et sans pieds nommé *larve*; il se roule sur lui-même au fond de l'alvéole. Les ouvrières viennent sur-le-champ lui apporter une bouillie blanchâtre et insipide. Elles la répandent autour de lui et sous lui, il en est environné, si bien que le mouvement le plus léger suffit pour lui faire prendre sa pâture, dont les ouvrières ne le laissent pas manquer.

De blanche, d'insipide qu'elle était, elle prend un goût mielleux à mesure que le ver s'accroît; à la fin, cette bouillie devient transparente et sucrée. Cette nourriture consiste dans un mélange de miel et de pollen que les abeilles préparent dans leur estomac et qu'elles modifient suivant l'âge de leurs nourrissons. Lorsque le vermisseau a rempli la capacité de sa cellule et qu'il a acquis tout son développement, les abeilles la ferment avec un couvercle bombé. Alors le vermisseau file une coque dont il s'entoure; quelques jours après, il se débarrasse de sa peau et se transforme en *nymphe*. On donne ce nom à cet état de mort apparente, auquel les larves sont sujettes avant de devenir des insectes parfaits. Dans cette dernière métamorphose, toutes les parties de la mouche sont assez distinctes. La nymphe des abeilles est très-blanche. Elle passe quelques jours sous cette forme, ensuite elle déchire son enveloppe, perce le couvercle de cire et sort de l'alvéole. Sa couleur est alors d'un gris-clair et ce n'est qu'au bout de deux jours qu'elle acquiert la force nécessaire pour voler.

La bouillie donnée aux larves royales est différente de celle qui est destinée aux bourdons et aux ouvrières; cette bouillie a un goût moins fade, un peu aigrelet. Elles en ont en telle quantité, qu'elles ne peuvent jamais la consommer toute. Il en reste toujours au fond de l'alvéole, tandis que, pour les larves des bourdons et des ouvrières, la quantité des vivres est tellement proportionnée aux besoins, qu'il n'en reste jamais dans l'alvéole quand ces larves se mettent à filer leur coque.

La différence de position n'influe en rien sur l'accroissement des diverses larves d'abeilles. Ainsi un rayon renfermant du couvain peut être replacé dans une autre ruche n'importe dans quel sens. Même une cellule royale peut être renversée sans que l'accroissement du ver en soit moins rapide ni moins parfait.

31. Durée de l'incubation du Couvain. — Maintenant que nous connaissons les trois sortes d'alvéoles qui servent de berceaux aux trois espèces d'abeilles, et que nous avons suivi l'œuf dans ses transformations en larve et en nymphe, il reste à savoir combien de jours il faut à chacune de nos trois espèces, pour arriver à son complet développement : il en faut seize aux reines, vingt aux abeilles ouvrières, vingt-quatre aux faux-bourdons.

Naissance de la reine. La reine reste sous la forme d'œuf, trois jours et cinq sous celle de ver ou de larve; après ces huit jours, les abeilles ferment la cellule et la larve commence tout de suite à filer sa coque, opération qui l'occupe un jour; la coque filée, elle reste dans un repos parfait pendant deux jours seize heures; à cette époque elle se transforme en nymphe et passe quatre jours huit heures sous cette forme. La reine est donc seize jours pour arriver à l'état complet d'insecte.

Avant que la jeune reine ait atteint son seizième jour, les ouvrières décirent la pointe de sa cellule, c'est-à-dire qu'elles enlèvent le couvercle en cire qui la fermait, et quand il ne reste plus dans cette partie que la coque filée par la larve royale, on est assuré que la reine est arrivée à son état d'insecte parfait.

Il paraît que cette opération de décirer la pointe est absolument nécessaire; car souvent il m'est arrivé d'ouvrir des cellules operculées depuis plus de sept jours, mais qui n'étaient pas décirées, et toujours j'y ai trouvé des reines mortes (35, 3me alinéa). Ainsi quand on détache une cellule royale pour la donner à une ruche étrangère, si la pointe est décirée en partie, le terme de l'incubation approche; si elle ne l'est pas, ou le terme est encore éloigné, c'est le cas le plus ordinaire, ou la reine est morte.

Naissance de l'ouvrière. L'abeille ouvrière reste sous la forme d'œuf, trois jours et cinq sous celle de ver; ensuite les abeilles ferment la cellule; le ver commence à filer sa coque et emploie à cet ouvrage un jour douze heures; il reste en repos, trois jours; après ces trois jours, il se métamorphose en nymphe et passe sous cette forme sept jours douze heures. Il n'arrive donc à son dernier état, celui de mouche, que le vingtième jour, à dater de l'instant où l'œuf dont il sort a été pondu.

Naissance du faux-bourdon. Le faux-bourdon reste dans l'œuf, trois jours; sous la forme de ver, six jours douze heures; il ne se métamorphose en mouche que le vingt-quatrième jour à dater de celui où l'œuf a été pondu.

32. **Essaimage.** — En plaçant les créatures vivantes sur la terre, Dieu leur a dit : *Croissez et multipliez.* Les abeilles obéissent à cette parole par l'essaimage. D'une famille elles en composent deux, et la nouvelle s'appelle *essaim.* L'essaim est un groupe d'abeilles qui se séparant de la famille, l'abandonne pour aller s'établir ailleurs et former une autre famille. L'ancienne reine accompagne cette colonie; mais une de ses filles, reine comme elle, reste dans la mère-patrie, pour l'y remplacer.

La première émigration peut être suivie, à quelques jours d'intervalle, d'une seconde et même d'une troisième. La première s'appelle essaim primaire. Il est toujours accompagné de l'ancienne reine. La seconde s'appelle essaim secondaire, lequel est toujours accompagné d'une jeune reine née seulement depuis le départ de l'ancienne.

33. **Essaimage primaire.** — Au retour du prin-

temps, si l'on observe une ruche bien peuplée et gouvernée par une reine féconde, on verra cette reine pondre, dans le courant d'avril et de mai, une quantité prodigieuse d'œufs de mâles ; les ouvrières choisiront ce moment pour construire plusieurs cellules royales. Lorsque les vers issus des œufs que la reine a pondus dans les cellules royales, seront près de se transformer en nymphes, la reine sortira de la ruche en conduisant un essaim à sa suite. Le premier essaim qu'une ruche produit au printemps, est toujours conduit par la vieille reine. Quant à savoir pourquoi il en est ainsi, je l'ignore. Nous verrons bientôt que toutes les jeunes reines sont fort maltraitées dans les ruches qui doivent essaimer une seconde fois. Mais les abeilles se conduisent fort différemment envers la vieille reine destinée à conduire le premier essaim. Elles lui laissent la plus entière liberté dans ses mouvements ; elles lui permettent de s'approcher des cellules royales, et si même elle entreprend de les détruire, les abeilles ne s'y opposent pas. Elle exécute donc ses volontés sans obstacle, et l'on ne peut pas attribuer sa fuite, comme celle des jeunes reines, à quelque contrariété qu'elle éprouverait. Cependant il est très-sûr que les vieilles reines ont, comme les jeunes, la plus grande aversion pour les individus de leur sexe. J'en ai la preuve dans le grand nombre de cellules royales qu'elles ont détruites sous mes yeux. Lorsque le temps reste plusieurs jours de suite à la pluie, ou que le miel commence à manquer à la campagne, elles les détruisent toutes ; alors il n'y a point d'essaim. Elles n'attaquent jamais ces cellules, lorsqu'elles ne contiennent encore qu'un œuf ou une larve fort jeune, mais elles commencent à les redouter lorsque la larve est près de se métamorphoser en nymphe, ou qu'elle a déjà subi cette transformation. La présence des cellules royales qui contiennent des nymphes ou des vers sur le point de se métamorphoser inspire donc aussi aux vieilles reines une violente aversion. Alors pourquoi, étant maitresses de les détruire, ne le font-elles pas toujours ? il est possible que le grand nombre de cellules royales qui se trouvent à la fois dans la ruche, et le travail qu'il faudrait entreprendre pour les ouvrir toutes, excède leur patience ou leurs forces. Elles attaquent bien leurs rivales ; mais ne pouvant pas les détruire assez promptement, leur inquiétude s'accroit et les jette dans une agitation extrême. Lorsqu'elles sont dans cet état, si le temps devient favorable, on comprend qu'elles s'empressent de sortir.

34. Agitation générale avant l'essaimage. — Quelques moments avant l'essaimage, la reine commence à s'agiter. Bientôt sa démarche devient plus vive. En courant elle ne produit aucun son distinct, et l'on n'entend rien qui soit différent du bourdonnement ordinaire des abeilles. Elle passe sur le corps de celles qui se trouvent sur sa route. Quelquefois, lorsqu'elle s'arrête, les abeilles qui la rencontrent s'arrêtent aussi, comme pour la regarder ; elles s'avancent brusquement vers cette reine, la frappent de leur tête et montent sur son dos ; elle part alors, portant en croupe quelques-unes de ces ouvrières. Les premières abeilles, que ses courses ont émues, la suivent en courant comme elle, et émeuvent à leur tour en passant celles qui sont encore tranquilles sur les gâteaux. Le chemin que parcourt la reine est reconnaissable après son passage, par l'agitation qu'elle y a causée et qui ne se calme plus. Bientôt elle a visité toutes les parties de la ruche et y a excité un trouble général. S'il reste encore

quelque endroit où les abeilles soient tranquilles, on voit
celles qui sont agitées y arriver et y communiquer le mouvement. Les abeilles ne soignent plus leurs petits; toutes
courent et se croisent en tous sens. Celles même qui sont
revenues de la campagne avant cette grande agitation, ne
sont pas plus tôt entrées dans la ruche, qu'elles participent
à ces mouvements tumultueux; elles ne songent plus à se
débarrasser des pelotes de pollen qu'elles portent à leurs
pattes, et courent aveuglément. Enfin, dans un moment,
toutes les mouches, accompagnées de leur reine, se précipitent vers la porte de la ruche.

Une ruche bien peuplée au printemps, dans un beau
jour, est ordinairement entre les 34e et 37e degrés centi-
grades; mais pendant le tumulte qui annonce la sortie de
l'essaim, le thermomètre dépasse 40 degrés, or, cette
chaleur est intolérable aux abeilles; lorsqu'elles s'y sen-
tent exposées, elles cherchent avec précipitation la porte de
la ruche et s'envolent.

L'essaim ne se forme que par un beau jour, ou pour
parler plus exactement, dans un instant du jour où le soleil donne et où l'air est calme. Il m'est arrivé d'observer
dans une ruche tous les signes avant-coureurs du jet, le
désordre, l'agitation; mais un nuage passait devant le soleil, et le calme renaissait; les abeilles ne songeaient plus
à essaimer. Une heure après, le soleil s'étant montré de
nouveau, le tumulte recommençait, s'accroissait rapidement, et l'essaim ne tardait pas à partir.

35. Essaimage secondaire. — Quand la ruche,
qui a essaimé une première fois, est fortement affaiblie
dans sa population, elle ne pense plus à donner un second
essaim. Les ouvrières laissent sortir librement de son berceau la jeune reine qui atteint la première son entier dé-

veloppement. Cette reine détruit sans opposition toutes ses
rivales; elle les perce de son dard après avoir ouvert les
cellules royales à leur base (45). Mais s'il reste encore à
la ruche une population passable; assez souvent elle
se disposera à donner un second essaim. Dans ce cas,
voici ce qui arrive invariablement. Les abeilles soudent le couvercle de la reine qui doit éclore la première.
Cette jeune reine reste captive un jour ou deux, quelquefois
plus longtemps; elle ne reçoit de nourriture qu'en allon-
geant sa trompe par un petit trou percé dans le couvercle
de sa cellule, les abeilles viennent lui donner du miel.
Dans sa prison elle fait entendre des sons plaintifs qu'on a
cru devoir appeler un chant. Ce chant de la reine est facile
à distinguer, surtout le soir, en appliquant l'oreille contre
la ruche; il est composé de cris toujours du même ton et
qui se suivent rapidement. Si, pour cause de mauvais
temps, l'essaim ne sort pas le premier ou le second jour
après que le premier chant aura été entendu, d'autres
jeunes reines, arrivées à leur terme et retenues prisonnières comme la première, produisent les mêmes sons,
mais plus faibles, selon leur âge; de sorte qu'on entend
plusieurs chants à la fois. Après une captivité plus ou moins
longue, l'aînée des jeunes reines reçoit enfin sa liberté.
Mais elle ne peut en user contre ses rivales au berceau;
celles-ci sont protégées par un grand nombre d'abeilles
qui les gardent assidûment. Dès qu'elle s'en approche,
les gardes s'agitent, l'environnent, la mordent, la harcel-
lent de toutes les manières, et finissent ordinairement par
la chasser. Quelquefois alors elle chante; les abeilles en
paraissent affectées, toutes baissent la tête et restent im-
mobiles. Ce manége se répète fréquemment dans la journée; enfin, la pauvre reine, maltraitée partout, parcourt

l'intérieur de la ruche, communique aux ouvrières son agitation; le trouble devient général et le second essaim ne
tarde pas à partir. On peut s'attendre au départ d'un troisième essaim, si le soir ou le lendemain matin on entend
le chant d'une autre reine.

A la fin le nombre des ouvrières se trouve tellement réduit, qu'elles ne peuvent plus faire autour des cellules
royales une garde aussi sévère; plusieurs jeunes reines
sortent alors à la fois de leurs prisons, elles se cherchent,
se battent, et celle qui est victorieuse règne paisiblement
sur son peuple. Le lendemain on trouvera souvent devant
la ruche qui a ainsi donné un essaim secondaire, une ou
plusieurs reines sans vie; on en trouvera aussi, quoique
plus rarement, devant l'essaim. Dans ce dernier cas, ce
sont de jeunes reines qui, pendant le tumulte qui a précédé la sortie, se sont échappées parmi l'essaim.

Je n'ai jamais remarqué de jeunes reines mortes en avant
des ruches qui n'ont essaimé qu'une fois, mais j'ai vu souvent
dans l'intérieur de ces ruches, des cellules royales parfaitement closes et dans lesquelles se trouvaient de jeunes reines
mortes ou des nymphes desséchées.

————

36. Reine artificielle. — Lorsque les abeilles ont perdu leur reine, elles s'en aperçoivent très-vite, et au bout de quelques heures, elles se mettent à l'œuvre pour réparer leur perte. D'abord elles choisissent les jeunes vers d'ouvrières auxquels elles doivent donner les soins propres à les convertir en reines, et dès ce moment elles commencent à agrandir les cellules où ils sont logés. Le procédé qu'elles emploient est curieux. Après avoir choisi un ver d'ouvrière, elles sacrifient trois des alvéoles contigus à celui où il est placé; elles en emportent les vers et la bouillie, et élèvent une cloison cylindrique autour du ver préféré; la cellule devient donc un vrai tube qui se trouve, ainsi que les autres cellules du gâteau, placé horizontalement. Mais cette habitation ne peut convenir à la larve devenue royale que pendant les trois premiers jours de sa vie; elle doit être dans une autre position pendant les deux autres jours où elle reste encore à l'état de ver. Pendant ces deux jours, portion si courte de la durée de son existence, elle habite une cellule de forme à peu près pyramidale, dont la base est en haut. On dirait que les ouvrières le savent, car dès que le ver a achevé son troisième jour, elles préparent le local qu'il doit occuper. Elles rongent quelques-unes des cellules placées au-dessous du tube cylindrique; sacrifient sans pitié les vers qui y sont contenus, et se servent de la cire qu'elles viennent d'enlever pour construire un nouveau tube de forme pyramidale qu'elles soudent à angle droit sur le premier, et qu'elles dirigent par en bas. Le diamètre de cette pyramide diminue insensiblement depuis sa base qui est assez évasée, jusqu'au sommet. Pendant les deux jours que le ver y passe, il y a toujours une abeille qui tient sa tête plus ou moins avancée dans la cellule : quand une ouvrière quitte, il en vient une autre prendre sa place. Elles travaillent à prolonger la cellule à mesure que le ver grandit, et elles lui apportent sa nourriture qu'elles arrangent autour de lui sous la forme d'un cordon tourné en spirale. Ce ver, qui ne peut se mouvoir lui-même qu'en spirale, trouve ainsi la bouillie toujours à sa portée. Il descend insensiblement, et arrive enfin tout près de l'orifice de sa cellule : c'est à cette époque qu'il doit se transformer en nymphe. Les abeilles, n'ayant plus de soins à lui donner, ferment son berceau d'une clôture qui lui est appropriée; il y subit au temps marqué ses deux métamorphoses. C'est-à-dire que la reine parvient à l'état parfait d'insecte en seize jours, à dater du moment où l'œuf de l'ouvrière a été pondu. Les abeilles ne destinent à la royauté que des vers sortis de l'œuf depuis trois jours au plus. Mais elles emploient fréquemment des vers âgés de deux jours ou même d'un jour.

Cette belle découverte d'un ver d'ouvrière changé en reine a été faite par Schirach dans le milieu du dernier siècle.

37. Détails sur les reines artificielles. — Lorsque les abeilles ont perdu leur reine, avons-nous dit dans l'article précédent, elles s'en aperçoivent très-vite, et, au bout de quelques heures, elles se mettent à l'œuvre pour la remplacer. En effet, trente-six et même vingt-quatre heures après, on peut déjà voir des cellules royales commencées; elles ont la forme d'un calice à gland dont le gland est sorti. Quatre jours et demi à dater du moment de la perte de la reine, quelques-unes des cellules royales seront operculées, d'autres sur le point de l'être, d'autres enfin seront abandonnées et laissées dans l'état où on les avait vues auparavant. Enfin, sept jours, à partir du moment où la première cellule aura été fermée, il en sortira une reine dont le premier soin sera d'attaquer ses rivales au berceau, ou de se battre corps à corps avec celles qui, étant entièrement développées, sont également sorties de leurs cellules. Voilà ce qui ne manque pas d'avoir lieu dans un panier médiocrement peuplé. Mais pendant la saison des essaims et lorsque la ruche est forte, les jeunes reines sont retenues prisonnières dans leurs cellules; elles chantent le treizième jour à dater du moment où l'ancienne reine a disparu; ce n'est que le quatorzième ou le quinzième jour qu'elles obtiennent leur liberté; elles en profitent presque toujours pour sortir à la suite d'un essaim secondaire.

Quand les jeunes reines ne sont pas retenues prisonnières, la plus âgée sort de sa cellule onze jours et douze heures environ après la disparition de l'ancienne; je dis la plus âgée, car il peut y avoir vingt-quatre heures de différence entre la première qui arrive à terme et la dernière.

Le nombre des reines qui naissent est proportionné à la force des ruches; les faibles en élèvent trois ou quatre, les fortes jusqu'à dix ou douze.

Il est à remarquer que, parmi les reines artificielles, il

s'en trouve parfois de la petite espèce, tenant, pour la taille, le milieu entre l'ouvrière et la reine ordinaire.

38. Cas où les reines artificielles ne sont plus possibles. — Il y a une erreur où sont tombés les apiculteurs de notre temps. Tous répètent qu'une ruche privée de reine peut toujours s'en procurer une nouvelle, pourvu qu'elle ait de jeunes larves d'ouvrières âgées de trois jours au plus. Cette proposition est trop générale, trop absolue.

Les abeilles qui perdent leur reine, soit par accident, soit par le fait de l'homme, comme dans les essaims artificiels, la remplacent toujours, si dans le même moment elles ont de jeunes larves d'ouvrières qu'elles puissent élever à la royauté; mais j'ai tenté bien des fois et toujours vainement, de faire produire des reines à des mouches qui en étaient privées depuis cinq ou six semaines par suite d'essaimage. Elles élevaient parfaitement le couvain de tout âge que je leur donnais, mais jamais je ne les ai vues transformer en reine une seule des larves qu'elles avaient à leur disposition.

Les ruches qui ont perdu leur reine pendant l'hiver peuvent-elles la remplacer, si on leur donne au printemps de jeunes vers d'ouvrières? Mes expériences n'ayant pas été suivies avec assez de soin, je ne puis rien affirmer à cet égard.

Les apiculteurs doivent se mettre bien en garde contre les raisonnements. Dans mille occasions, j'ai voulu conclure d'un fait particulier à une loi générale; mais bientôt les abeilles se chargeaient elles-mêmes de me donner un dé-menti formel, en me rendant témoin de faits opposés. Ce n'étaient pas elles qui manquaient de logique : si les faits étaient différents, c'est que les circonstances n'étaient plus les mêmes.

39. Fécondation retardée de la reine, effet.

— La reine ne pond que des œufs mâles quand l'accouplement a été différé au-delà du vingt-unième jour après sa naissance. Ce fait a été établi par Huber, de manière à ne laisser aucun doute.

C'est surtout au printemps que l'on rencontre des reines qui ne produisent que des bourdons. Ayant succédé à des mères mortes en automne ou en hiver, elles n'ont pu être fécondées régulièrement.

Huber dit que ces mères à demi fécondées déposent leurs œufs indistinctement dans les cellules d'ouvrières et dans celles de bourdons. Pour moi, je n'ai jamais vu de leur couvain que dans les cellules d'ouvrières. Selon le même auteur, elles pondent aussi quelquefois dans des cellules royales. Les abeilles nourrissent les vers qui en proviennent, ferment ces cellules, et les couvent jusqu'à la dernière transformation des mâles qu'elles contiennent.

Les abeilles ont autant d'attachement pour ces reines que pour celles qui sont régulièrement fécondées; elles repoussent donc toute reine étrangère qu'on leur présente.

Les faux-bourdons ne sont jamais inquiétés dans les ruches dont la reine ne pond que des œufs de leur espèce. Ils y sont tolérés, nourris dans le temps même où ailleurs ils sont impitoyablement massacrés.

40. Reine de petite taille. — Féburier dit, mais sans preuve à l'appui, que *la reine pond beaucoup d'œufs de bourdons quand elle n'est fécondée qu'entre le seizième et le vingt-deuxième jour de sa naissance.* J'ai eu occasion d'observer plusieurs reines qui pondaient dans la bonne saison autant de mâles que d'ouvrières. Elles étaient

3

peu fécondes, et déposaient les œufs des deux espèces dans les petits alvéoles. La cause de cette ponte mélangée ne me paraît pas être celle indiquée par Féburier, depuis que j'ai vu, en 1857, une reine artificielle régulièrement fécondée, pondre autant de mâles que d'ouvrières. Cette reine, née le 17 juin 1857, avait du couvain operculé de bourdons le 10 juillet suivant, ce qui suppose nécessairement qu'elle avait été fécondée au plus tard le douzième jour de sa naissance.

Je soupçonne fort que ce sont des reines de petite taille qui produisent ces pontes mélangées ; je me sers de ce mot parce que les bourdons sont entremêlés avec les ouvrières, et qu'on ne peut les distinguer sous forme de couvain que par leurs cellules plus longues que les autres.

Les petites reines naissent parmi celles que les abeilles élèvent artificiellement. Elles tiennent, pour la taille, le milieu entre l'ouvrière et la reine ordinaire.

Je n'ai pu savoir si notre reine de 1857 était de petite taille. Elle a abandonnée la ruche, emmenant avec elle les abeilles ; mais ayant démoli, en avril 1859, une ruche qui produisait autant de bourdons que d'ouvrières, j'y ai trouvé une petite reine, et cette reine n'était âgée que de 10 mois. Malheureusement j'ignore si elle avait été fécondée en temps voulu.

41. **Ouvrières pondeuses.** — Riem, officier au service de Saxe, fut le premier qui découvrit, vers la fin du dernier siècle, l'existence des ouvrières fécondes. Huber, par des expériences nouvelles, a vérifié et confirmé cette découverte. Les ouvrières fécondes ont tous les caractères de l'abeille commune : la petite poche aux pattes postérieures, la trompe longue et l'aiguillon droit, et il est impossible de les distinguer des ouvrières. Elles ne pon-

dent jamais des œufs d'abeilles communes ; elles ne pondent que des œufs de mâles. Ce sont les ouvrières fécondes qui produisent le couvain de bourdon que l'on voit souvent, en août, dans les ruches qui ont perdu leur reine à la suite de l'essaimage.

Les ouvrières fécondes naissent dans le voisinage des cellules à reines, et l'on peut supposer que la bouillie dont les vers ont été nourris a été mêlée de quelques portions de gelée royale. Nous avons vu que la bouillie qui sert à nourrir les vers royaux n'est pas la même que celle des vers d'ouvrières ; on la reconnaît à son goût aigrelet et relevé (30).

Les reines proprement dites ont pour les ouvrières fécondes la même jalousie et la même aversion que pour leurs semblables ; elles se jettent sur elles et les massacrent sans rencontrer de résistance. Ces ouvrières fécondes ne peuvent donc exister à l'état de mouches que dans des ruches privées de reines. Du reste elles paraissent plus sociables entr'elles que les reines, car elles sont en certain nombre dans la même ruche.

Lorsque, six semaines ou deux mois après le temps des essaims, il ne se trouve que du couvain de bourdons dans une ruche, cette circonstance seule accuse la présence d'ouvrières fécondes.

42. **Détails sur les ouvrières pondeuses.** — Les colonies où il se trouve des ouvrières pondeuses, sont inhabiles à se donner une reine ; elles ne reçoivent pas même une reine régulièrement fécondée. Ces deux faits semblent indiquer que les abeilles de ces colonies orphelines ont aussi, pour les ouvrières pondeuses, un attachement qui leur fait oublier leur malheur, et qui ne leur permet plus d'élever ou de recevoir d'autres mères.

Les ouvrières pondeuses ne pondent que dans les cellules de bourdons tandis que les reines tardivement fécondées ne pondent que dans les petites cellules ; du moins je ne les ai jamais vues faire autrement.

Les ouvrières pondeuses pondent aussi quelquefois dans les cellules royales, mais les œufs déposés dans ces cellules n'arrivent jamais à leur dernière transformation. Les abeilles commencent à la vérité par donner tous leurs soins aux vers qui en proviennent ; elles ferment ces cellules en temps convenable ; mais jamais elles ne manquent de les détruire trois jours après les avoir fermées.

Ces cellules royales operculées trompent l'apiculteur inexpérimenté ; croyant qu'elles renferment des reines, il est rassuré sur l'état de la ruche. C'est une règle sans exception que jamais il n'y a de reines au berceau dans une colonie qui ne produit que du couvain de bourdons.

Les faux-bourdons ne sont pas plus inquiétés dans une ruche qui a des ouvrières pondeuses, que dans celle qui a une reine tardivement fécondée. Ce qui veut dire qu'ils ne sont jamais chassés des colonies qui ne produisent que des individus de leur espèce.

43. Accueil à une reine étrangère fécondée. — Dans une colonie bien organisée, c'est-à-dire qui a une reine régulièrement fécondée, s'il se présente une reine étrangère également fécondée, les abeilles de la garde la saisissent à l'instant, pour l'empêcher d'entrer : elles accrochent avec leurs dents ses pattes ou ses ailes, et la serrent de si près, qu'elle ne peut se mouvoir. Peu à peu il vient de l'intérieur de la ruche de nouvelles abeilles qui se joignent à ce premier peloton et le rendent encore plus serré ; toutes leurs têtes sont tournées vers le centre où la reine est enfermée, et elles s'y tiennent avec un tel acharnement qu'on peut les prendre et les porter quelques moments sans qu'elles s'en aperçoivent.

Le peloton qu'elles forment est de la grosseur d'une petite noix. La fureur des abeilles est extrême quand on essaie de leur faire lâcher prise, et l'on n'y réussit qu'avec la fumée. Si la reine reste trop longtemps prisonnière, elle périt, et sa mort est probablement occasionnée ou par la faim ou par la privation d'air.

Les abeilles tuent quelquefois les reines étrangères à coups d'aiguillons ; mais elles le font avec une sorte d'hésitation.

Si une reine étrangère est introduite dans une ruche pendant les douze premières heures qui suivent l'enlèvement de la reine régnante, les abeilles traitent la reine étrangère comme si l'autre vivait encore, c'est-à-dire, qu'elles la saisissent, l'enveloppent de toute part, et la retiennent captive dans un peloton impénétrable pendant une espace de temps très-long. Le plus souvent cette reine y succombe.

Lorsqu'on a laissé passer dix-huit heures avant de substituer une reine étrangère à la reine régnante, elle y est traitée d'abord de la même manière; mais les abeilles qui l'avaient enveloppée se lassent plus vite; le peloton qu'elles forment autour d'elle n'est bientôt plus aussi serré; peu à peu elles se dispersent, et enfin cette reine sort de captivité; on la voit marcher d'un pas lent et languissant ; quelquefois elle expire dans l'espace de quelques minutes. Nous avons vu d'autres reines sortir bien portantes d'une prison qui avait duré dix-sept heures , et finir par régner dans les ruches où d'abord elles avaient été si mal reçues.

Mais si on attend vingt-quatre ou trente heures pour

substituer à la reine enlevée une reine étrangère, celle-ci sera bien accueillie, et régnera dès l'instant où elle sera introduite dans la ruche. Une absence de vingt-quatre ou trente heures suffit donc pour faire oublier aux abeilles leur première reine.

Des abeilles qui ont été contrariées par la fumée ou par le transvasement, sont bien plus disposées que d'autres à recevoir une reine étrangère fécondée.

J'ai de très-fortes raisons de croire qu'une reine fécondée sera toujours bien accueillie dans une colonie qui n'a que des reines au berceau, telle qu'une ruche qui a essaimé depuis quatre ou cinq jours seulement, ou dont on a tiré un essaim artificiel.

Une reine fécondée placée sous verre avec des ouvrières de sa famille, s'y tient tranquille, elle paraît heureuse des hommages qu'on lui rend ; les ouvrières également ne semblent pas souffrir de leur prison. Placées en toute liberté sur une tablette de croisée, par exemple, la reine et les ouvrières peuvent y rester huit jours dans le repos le plus absolu, pourvu qu'elles aient du miel en cellules pour vivre.

Des ouvrières placées sous verre depuis quelques heures seulement, recevront assez mal une reine étrangère fécondée, mais bientôt elles auront autant d'affection pour elle que pour leur propre reine.

44. Accueil à une reine étrangère non fécondée. — Une jeune reine non fécondée qu'on retient captive avec des ouvrières, est presque toujours en mouvement ; elle sent sa prison, elle veut en sortir. Les ouvrières sont tout-à-fait indifférentes pour elle. Tout le monde s'ennuie, tout le monde voudrait jouir de la liberté. Il est difficile de conserver longtemps des abeilles emprisonnés avec une reine non fécondée, elles s'engluent de miel et périssent bientôt.

Une reine étrangère non fécondée n'est pas reçue dans une ruche qui a essaimé depuis peu de jours ou dont on a tiré un essaim artificiel. Cependant une cellule royale renfermant une nymphe y est couvée, et la reine qui en provient est acceptée au même titre qu'une indigène. Toutes les jeunes reines que j'ai pu donner à des ruches qui en manquaient ou qui n'en avaient qu'au berceau, ont été tuées ou étouffées.

Cependant voici une circonstance où j'ai réussi à faire admettre une reine non fécondée. On divise en deux portions un *essaim secondaire* et non un primaire. Avant une demi-heure on sait où se trouve la reine. On emprisonne la portion orpheline qui reçoit alors une jeune reine étrangère. Il faut tenir captif ce petit essaim jusqu'au coucher du soleil, car autrement il pourrait sortir de la ruche.

Nous dirons plus tard qu'on doit réunir l'essaim secondaire à la ruche mère. Cette réunion n'a aucun inconvénient. Mais la réunion d'en essaim secondaire à toute autre ruche, est parfois fâcheuse. On ferait bien avant l'opération de s'emparer de la jeune reine, alors les choses iraient au mieux.

La permutation d'un essaim secondaire avec une ruche très-forte réussira, mais à la condition que la jeune reine de l'essaim sera fécondée, et souvenons-nous que la fécondation n'a lieu au plus tôt que le sixième ou le septième jour de sa naissance (10). Je dis au plus tôt, car si le septième jour et les suivants ne permettent pas à la reine de sortir, la fécondation sera retardée d'autant.

45. **Nymphes royales tuées par la reine.** — Pour tuer ses rivales au berceau, la reine fait une large

ouverture à la base de la cellule royale, et, si celle-ci renferme une reine déjà développée et prête à sortir de sa coque, elle y introduit le bout de son ventre et réussit ainsi à frapper sa rivale d'un coup d'aiguillon. Mais, si la cellule ne contient qu'une nymphe fort jeune, la reine se contente d'y faire l'ouverture dont il vient d'être question. Les abeilles se mettent alors à agrandir la brèche et à en tirer la reine ou la nymphe royale qui s'y trouve. Car, toujours et dès qu'une cellule royale a été ouverte avant le temps, les abeilles en tirent ce qu'elle contient sous quelque forme qu'il s'y trouve, ver, nymphe ou reine. Elles prennent avidement la bouillie qui reste au fond de ces cellules et sucent aussi ce qui se trouve de fluide dans l'abdomen des nymphes.

SECONDE PARTIE.

CULTURE DES ABEILLES.

La seconde partie comprend cinq époques : 1º les abeilles à la sortie de l'hiver ; 2º les abeilles au printemps ; 3º la saison des essaims ; 4º Les abeilles en été ; 5º les abeilles en saison morte ; 6º elle comprend encore les ennemis et les maladies des abeilles.

LES ABEILLES A LA SORTIE DE L'HIVER.

46. AVIS NÉCESSAIRE. — Pour l'intelligence complète de la seconde partie, le lecteur devra, avant tout, lire les articles RUCHES.

Excepté quelques articles relatifs seulement aux ruches à calotte et à hausses, tous les autres sont communs aux trois sortes de ruches.

Les chiffres qui se trouvent entre parenthèses, indiquent les articles à consulter.

---

47. **Caractères d'une bonne colonie.** — Dans la seconde moitié du mois de mars, profitez du premier beau jour pour faire l'inventaire de votre rucher. Soufflez légèrement de la fumée dans la première ruche que vous voulez examiner ; puis avec un couteau à miel ou un couteau ordinaire, mais solide, vous la décollez. La ruche

enlevée et placée à terre, sens dessus dessous, on commence par râcler et brosser fortement le plateau que l'on remet aussitôt à sa place. Cela fait, on s'occupe de la ruche. Après avoir écarté les abeilles avec la fumée, on coupe tous les gâteaux moisis. D'un seul coup d'œil, le praticien se rend compte des provisions et de la population, deux choses essentielles pour la prospérité future de la ruche. Il ne s'en tient pas là ; cette ruche quoique bien peuplée, bien approvisionnée, pourrait encore tromper ses espérances, si la reine était morte pendant l'hiver. Pour s'assurer que ce malheur, qui est rare, n'existe pas, il écarte avec la fumée les abeilles groupées dans le centre, il examine attentivement les gâteaux ; s'il y voit du couvain (30), la ruche est dans un état très-satisfaisant, elle a une reine, une forte population, des gâteaux jaunes plutôt que noirs et des provisions grandement assurées jusqu'au 1er mai. Content de cette visite domiciliaire, il replace la ruche sur son plateau et ne s'en inquiète plus jusqu'à la saison des essaims. Seulement, le soir du même jour ou le lendemain, il fera bien de calfeutrer (196) le joint entre le plateau et la ruche.

48. **Colonie à vieux rayons.** — Après cette revue, qui n'exige que cinq minutes, on passe à une seconde ruche. Celle-ci, comme la première, a une forte population, ses provisions sont suffisantes, elle a du couvain ; mais les gâteaux sont noirs ; les alvéoles, berceaux du couvain, se trouvent durcis et en même temps rétrécis par une couche de pellicules que les abeilles, en prenant naissance, y ont déposées. Cette ruche pourra vivre encore quelques années, mais elle ne prospérera plus ; ces alvéoles à parois épaisses nuisent au développement du couvain ; les mouches, pendant l'hiver, sont mal à l'aise entre ces

gâteaux qu'elles ont peine à échauffer, et qui s'imprègnent d'humidité. Que faire en ce cas ? — Si la ruche est à hausses, il faut, sans hésiter, supprimer la hausse du bas, dans le cas cependant où il y en aurait plus de deux. Nous verrons, à l'article 77, comment il faudra conduire cette ruche en mai; voilà tout ce que nous avons à dire pour le moment.

Si au contraire, il s'agit d'une ruche commune, vous aurez deux partis à prendre : ou la laisser telle qu'elle est, ne toucher qu'aux rayons moisis, sauf, au mois de juillet, à tout enlever, miel et cire, et à réunir la population à une autre population (150) ; ou la rajeunir; et à cette fin, coupez tous les rayons horizontalement à une profondeur de dix à douze centimètres, même plus, si toutefois le couvain ne s'y oppose pas. Le travail terminé et avant de passer à une autre ruche, rassemblez tous les gâteaux que vous venez d'extraire, et transportez-les à la maison, de crainte que l'odeur du miel et de la cire n'excite les abeilles à s'inquiéter entr'elles et à se piller. Vous vous trouverez bien de cette précaution.

49. Ce que l'on entend par vieux rayons. — Une colonie à vieux rayons est celle dont les gâteaux existent depuis cinq ou six ans au moins : un essaim de l'année précédente aura une cire d'un jaune clair dans la partie occupée par les abeilles, et d'un blanc sale dans les autres parties; à deux ans, la cire sera d'un jaune plus foncé; à trois ans, elle brunira et deviendra presque noire; enfin, à six ans, les rayons du centre seront entièrement noirs. On aura de la peine à les froisser entre les doigts, on les déchirera plutôt qu'on ne les coupera, car les pellicules qui en tapissent les alvéoles s'opposent à l'action du couteau. En outre, ils sont beaucoup plus lourds que ceux d'une date plus récente; avec un peu d'habitude et d'expérience, on peut, sans peine, faire cette distinction.

50. Colonie qui a souffert de l'hiver. — Passons à une troisième ruche. Celle-ci nous présente un triste spectacle : les parois intérieures sont humides ; les rayons eux-mêmes le sont également ; une population affaiblie occupe à peine quelques gâteaux ; peut-être même les rayons latéraux sont remplis d'abeilles mortes ; du reste, elle a suffisamment de vivres. La seule chose à faire pour le moment, c'est d'enlever les rayons vides; de ne laisser que ceux habités par les abeilles, ou contenant du miel. La citadelle, ainsi restreinte, deviendra plus facile à défendre contre l'invasion de la fausse-teigne, dont nous parlerons à l'article 176. Comme la fausse-teigne n'est à craindre qu'à partir du mois de mai, on peut, à la rigueur, attendre cette époque pour supprimer le superflu des appartements. Quoi qu'il en soit, replacez et n'oubliez pas le soir de calfeutrer.

Si cette ruche est un essaim de l'année précédente, elle peut encore, toute faible qu'elle est, donner un bon panier; mais autrement, c'est une ruche perdue dont on ne peut tirer parti qu'en la réunissant à une autre. Oublions-la pour le moment; nous y reviendrons plus tard, nous lui ferons une seconde visite. En attendant, elle est signalée comme une non-valeur.

51. Colonie orpheline. — La quatrième ruche que nous avons à explorer est passablement fournie de miel et d'abeilles; mais nous cherchons en vain à découvrir quelques traces de couvain; écartons bien les mouches pour pénétrer au fond des gâteaux et découvrir quelque chose qui nous rassure, car le couvain est un indice certain de la présence de la reine. Rien ne vient accuser cette présence. Malgré les justes inquiétudes que doit nous inspirer l'état de cette ruche, ne la condamnons pas sans de nouveaux renseignements; marquons-la, comme la précédente, du signe des suspects; elle est fortement soupçonnée d'être orpheline, c'est-à-dire de manquer de reine.

On peut estimer de trois à quatre pour cent le nombre des familles qui perdent leur reine en hiver.

52. Colonie dépourvue de miel. — Nous arrivons à la cinquième ruche : elle est bien légère, point ou presque pas de miel. Enfin il faut la nourrir, si on ne veut pas la perdre. Elle est passablement peuplée; c'est une colonie laborieuse qui vous demande à lui faire des avances; elle vous les rendra plus tard avec de gros intérêts, vos prêts vous enrichiront. Elle ne vous demande que son pain quotidien. Donnez-lui quelque chose de mieux; prévenez ses besoins; donnez-lui en abondance, elle n'abusera pas de vos dons; il ne lui manque pour prospérer qu'un peu de miel, hâtez-vous de le lui donner. Notez cette ruche et toutes celles qui sont dans le même cas. Replacez-la sur le plateau, mais sans la calfeutrer, puisque vous devez la nourrir.

53. Colonie mourante. — Une sixième ruche se présente à notre examen; au dedans, au dehors, il n'y a ni bruit ni mouvement. Aucune abeille n'en sort, aucune n'y rentre. Soulevez cette ruche, les habitants sont morts ou du moins paraissent l'être : Les uns sont tombés sur le plateau; les autres, aussi sans mouvement, sont retenus entre les rayons; quelques-uns donnent encore signe de vie. Hâtez-vous de leur venir en aide. Si leurs formes extérieures ne vous paraissent pas altérées, si la trompe se trouve ramenée sous les mandibules, si l'abdomen n'est pas raccourci et comme replié sur lui-même, peut-être

que les abeilles ne sont qu'engourdies par le froid et la
faim, que le principe vital existe encore, qu'il ne faut que
le ranimer par l'action simultanée de la chaleur et de la
nourriture. Il ne vous restera plus aucun doute si, réunissant dans le creux de la main et réchauffant au souffle de
votre haleine une vingtaine de vos abeilles, vous les voyez,
quelques minutes après, remuer faiblement leurs pattes ou
leurs antennes. Jetez aussitôt dans la ruche les abeilles
tombées sur le plateau, enveloppez-la d'une serviette pour
les retenir prisonnières, et portez-la dans une chambre
bien chaude auprès d'un feu modéré. Quand les abeilles
commencent à se réveiller, la ruche étant placée sens dessus dessous, on répand sur la serviette qui l'enveloppe
deux ou trois cuillerées de miel liquide. Les abeilles
viennent sucer à travers le tissu. Bientôt des milliers de
trompes s'empressent de recueillir la manne du désert.
On peut leur distribuer ainsi, et par intervalles, de cent à
deux cents grammes de miel. Le soir du même jour, le
panier sera porté au rucher, sur son plateau et dans sa
position ordinaire, mais toujours enveloppé de la serviette.
Une petite cale le tiendra soulevé au-dessus du plateau
pour la circulation de l'air. Le froid de la nuit fera remonter les abeilles dans les gâteaux, et le matin, après avoir
enfumé à travers la serviette, on enlèvera celle-ci sans difficulté. J'ai sauvé de la sorte plus de dix paniers. N'espérez pas, toutefois, rappeler à la vie toute la population;
soyez heureux si vous en sauvez la moitié ou les deux
tiers. Lorsque l'engourdissement ne date que d'un jour,
le chiffre des morts se réduit à peu de chose. Plusieurs
ruches, ainsi ravivées, ont donné des essaims la même
année.

54. Ruche abandonnée. — Voici une autre ruche

qui va nous intriguer : il y a du miel, mais la maison est
déserte ; on trouve seulement quelques centaines d'abeilles, étendues sans vie sur le plateau. Pourquoi cette solitude ? A quelle cause l'attribuer ? C'est tout simplement
une ruche qui s'est trouvée orpheline à l'automne ; alors
les abeilles, ou l'ont abandonnée, ou, se trouvant en trop
petit nombre pour maintenir une température convenable,
sont mortes pendant les froids de l'hiver. On peut donner
le miel qu'elle renferme à d'autres ruches nécessiteuses ;
et si aucune n'est dans le besoin, et que le miel en vaille
la peine, après avoir retranché toutes les portions de gâteaux vides, on porte cette ruche à la cave, afin de la conserver à l'abri de la fausse-teigne ; jusqu'à ce qu'on ait un
essaim à y loger.

55. **Peuplade morte de froid.** — Les sept paniers que nous venons de passer en revue représentent
tous les cas, toutes les circonstances que l'on peut rencontrer dans un rucher au printemps ; il sera facile à chacun
de comparer et de juger. Aux sept tableaux que je viens
d'exposer, on pourrait en ajouter un huitième. L'hiver de
1829 à 1830 a été très-long et très-rigoureux ; beaucoup
de ruches, même très-lourdes, ont été dépeuplées par le
froid et la faim. Voici comment : Les abeilles, après avoir
consommé tout le miel contenu dans les rayons qu'elles
occupaient, se sont trouvées dans l'impossibilité, à cause
de la violence et de la durée du froid, d'aller occuper
ceux qui étaient remplis de miel. Ainsi, au centre de la
ruche, pas une goutte de miel ; les abeilles y étaient mortes dans les alvéoles et entre les gâteaux vides ; tandis que
pas une seule mouche ne se trouvait dans ceux de côté,
qui étaient remplis de miel. Pour la ruche dont j'ai parlé
à l'article 50, on devra attribuer la perte d'une bonne

partie de sa population, tantôt à la cause que je viens d'indiquer, tantôt à la vétusté des rayons.

Les colonies à faible population, quoique bien approvisionnées, résistent rarement à un hiver long et rigoureux.

56. **Oter des hausses aux ruches** (1). — Il va sans dire qu'on ne touche pas aux ruches composées de deux hausses seulement; on ne fait qu'en retrancher les portions de gâteaux moisis; il n'est donc question ici que des ruches à trois ou à quatre hausses. Pour les paniers à quatre hausses, on supprime la quatrième, c'est-à-dire, celle du bas. Si on allait au-delà, on endommagerait le couvain. Cependant, si la ruche était faible en population, et si elle n'avait presque pas de couvain dans la hausse suivante, il faudrait encore supprimer celle-ci.

Voici ce qu'on a à faire pour les ruches à trois hausses. On ne touche pas à celles que l'on destine à produire du miel ou des essaims naturels, mais on supprime la troisième hausse : 1° de toutes celles dont les gâteaux auront plus de cinq ans, et qu'on voudra renouveler (77) ; 2° de celles dont on voudra tirer des essaims artificiels (130) ; 3° enfin de toutes celles qui paraîtront médiocrement peuplées. Quand on dit qu'il faut retrancher une hausse aux ruches qui en ont trois, et qui sont classées dans les trois cas précédents, on suppose toujours qu'on ne touche pas au couvain de manière à l'endommager notablement. Retrancher deux ou trois cents cellules remplies de couvain me parait un dommage considérable à cette époque de l'année.

57. **Récolte de cire au printemps.** — Plusieurs auteurs conseillent de faire une récolte de cire au printemps ; on devrait, suivant eux, couper une grande partie

_____

(1) Cet article ou paragraphe est relatif seulement aux ruches à hausses.

des gâteaux où il n'y aurait ni miel ni couvain. C'est une récolte, disent-ils, qui ne manque jamais, et dont on peut tirer un assez grand profit.

Il y a beaucoup à dire pour et contre cette méthode. Avec les ruches d'une seule pièce, c'est-à-dire les ruches communes, je la crois presque toujours nuisible, excepté pour le cas spécifié dans l'article 48, car si la ruche est petite, ne jaugeant, par exemple, qu'une vingtaine de litres, pour peu qu'on touche aux gâteaux, les abeilles seront à découvert et les froids d'avril les feront souffrir. Si, au contraire, la ruche est d'une plus grande capacité, on pourra, sans doute, enlever un tiers de la cire, mais ce retranchement notable retardera l'essaimage ; et puis, comme c'est avec le miel que les abeilles composent la cire, je doute qu'il y ait profit à opérer cette transformation. Je suppose deux ruches passablement grandes, ayant la même population, le même poids, le même âge ; je maintiens que celle à laquelle on aura retranché un tiers de la cire, essaimera plus tard que l'autre. Du moins la chose arrivera trois fois sur quatre.

Quant aux ruches à hausses, si je conseille de supprimer, dans certains cas, une et même deux hausses, ce n'est pas avec l'intention de faire une récolte de cire, mais pour des motifs divers, selon le parti qu'on veut tirer d'une ruche.

58. **Pourquoi la première visite en mars ?** — On doit visiter son rucher dans la seconde moitié du mois de mars pour deux raisons : la première, c'est que l'on connaîtra tous les paniers légers qui auront besoin de miel ; la deuxième, c'est qu'à cette époque, le couvain, peu nombreux, n'occupant qu'une faible partie du centre de la ruche, il sera facile de retrancher tous les vieux

rayons à dix ou douze centimètres de profondeur. Pour peu qu'on attendrait, le couvain remplirait toute l'étendue des rayons, ce qui rendrait l'opération impossible. Il est bien entendu que s'il n'y a pas de beaux jours en mars, on attendra le mois d'avril. Lorsque vous n'avez rien à retrancher de vos ruches, et que vous êtes sûr qu'elles ont des provisions suffisantes, rien ne vous presse, et vous êtes libre de les visiter quand bon vous semblera.

On peut se dispenser de la première visite du printemps. Les abeilles des ruches fortes savent bien se débarrasser de tout ce qui les gêne ou leur nuit : elles sortent les morts ; elles emportent la cire émiettée qui recouvre le plateau ; elles nettoient les cellules remplies de vieux pollen ; en un mot, elles savent, sans le secours de personne, approprier leur domicile. Quelques beaux jours suffisent pour cette besogne. Elles n'attendent pas même jusqu'au mois de mars. Ne les voyez-vous pas, dans une belle journée de janvier ou de février, comme elles se hâtent de traîner les morts et de les emporter aussi loin que possible.

Cependant si notre visite en mars est à peu près inutile pour les colonies fortes, elle devient nécessaire pour les populations faibles. Pour celles-ci il faut enlever les rayons moisis, où remplis de vieux pollen (27), ceux qui ont pu être entamés par les souris ; il faut râcler et brosser le plateau afin d'empêcher la fausse-teigne (176) de s'établir sur les débris de cire qui s'y trouve.

59. **Miel nécessaire en mars et avril.** — Maintenant, que notre inspection générale est faite, rendons-nous compte de nos impressions. Nous avons visité un grand nombre de familles : les unes dans la joie et l'abondance ; les autres dans le deuil et la tristesse ; d'au-

tres enfin dans l'indigence. Secourir ces dernières au plus vite, c'est une bonne action. Chacun y trouvera son profit. Notre libéralité ne doit avoir d'autres bornes que celles des besoins. Voici les règles que nous suivrons à cet égard. Une ruche, ayant deux kilogrammes de miel en magasin au 20 mars, peut, avec ses propres ressources, vivre jusqu'au 1er mai. Cependant, si la fin de mars et le commencement d'avril présentent de belles journées qui permettent aux abeilles d'amasser du pollen, la ponte prendra un grand développement; il faudra beaucoup de miel pour nourrir un nombreux couvain. Dans ce cas, les deux kilogrammes de miel dont nous venons de parler, seront insuffisants, il en faudra trois.

Les mouches que l'on nourrit, consomment plus que celles qui ont leurs provisions. Deux kilogrammes de miel en magasin font autant de profit que trois donnés en nourriture (162). Ainsi, ne craignons pas de donner à une ruche bien peuplée cinq cents grammes de nourriture tous les huit jours. Je ne sais à quoi tient cette différence dans la consommation. Le miel qu'on donne provoque-t-il la ponte et par suite l'augmentation du couvain? La reine, trompée par les apparences, se croit-elle en pleine saison de miel?

60. **Estimer le miel d'une ruche.** — Ce n'est pas chose bien difficile que d'estimer au printemps le miel d'une ruche. Connaissant le poids du panier vide, ajoutez-y un kilogramme pour les abeilles, de 500 à 1,500 grammes pour la cire, suivant que la ruche est plus ou moins grande, ou la cire plus ou moins vieille.

Pour plus de précision et pour être mieux compris, je vais mettre en tableau le poids de deux ruches d'âges différents. Je suppose que la pesée se fait en mars ; à cette époque, il y a peu de couvain.

Essaim de l'année précédente.

Poids brut............................... 8^k,300
Ruche vide..................... 3^k,000 ⎫
Abeilles....................... 1 ,000 ⎪
Rayons........................ 0 ,700 ⎬ 5 ,000
Couvain, environ. .... 300 ⎭
Reste, miel............................ 3 ,300

Ruche à vieux gâteaux.

Poids brut............................... 8^k,300
Ruche vide..................... 3^k,000 ⎫
Abeilles....................... 1 ,000 ⎪
Rayons. .... 1 ,500 ⎬ 5 ,800
Couvain, environ. .... 300 ⎭
Reste, miel............................ 2 ,500

Le poids des abeilles, que je porte à un kilogramme, suppose une bonne population au printemps.

La ruche de paille pèse environ trois kilogrammes. Le poids des gâteaux de l'essaim que je porte à 700 grammes, suppose que le panier jauge de 25 à 27 litres. Si les ruches sont plus grandes ou plus petites, on doit augmenter ou diminuer proportionnellement le poids des rayons. En réalité, il n'y a pas plus de cire dans la vieille ruche que dans l'essaim, quoique le poids en soit bien différent. Les cellules qui ont servi longtemps de berceaux aux abeilles, sont tapissées d'une couche épaisse de pellicules que chaque nymphe y a déposées ; ces vieilles cellules peuvent encore renfermer du pollen durci par les années ; c'est ce qui rend les vieux gâteaux deux et trois fois plus lourds que les nouveaux.

Pour la pesée des ruches, on emploiera la balance à ressort appelée peson. Voir l'article 147.

61. Présenter le miel aux abeilles. — La pesée que vous avez faite, vous a renseigné sur la quantité de miel qu'il faut à chacune de vos ruches nécessiteuses. Je vais à l'instant vous indiquer les différentes manières de le leur présenter. Vous n'aurez que l'embarras du choix.

Premier mode. — Rognez à trois centimètres tous les gâteaux de la ruche. Faites fondre le miel en y ajoutant environ un huitième d'eau pour le conserver à l'état liquide; laissez-le s'attiédir; après l'avoir versé dans une assiette, couvrez-le légèrement de cire brute, émiettée, ou de petits brins de paille; enfin, placez sous les gâteaux rognés votre assiettée de miel qu'une forte population vous emmagasinera en une seule nuit.

Deuxième mode. — Pratiquez au milieu d'un plateau une ouverture circulaire à bord évasé, et de dimension telle qu'on puisse y loger un plat qui affleure par le dessus avec le plateau. Vous devinez maintenant comment vous allez assister vos protégées. Après avoir mis le plat dans sa case, vous le remplissez de miel, puis, vous le placez sous la ruche, sans que vous ayez besoin de toucher en rien aux gâteaux. Le miel sera préparé et recouvert comme dans le premier mode, et vous pourrez en donner jusqu'à un kilogramme et demi à la fois. Une forte population emmagasinera le tout dans l'espace de vingt-quatre heures.

Troisième mode. — Donnez à la ruche une hausse vide, placez-y un plat de miel, et rapprochez-le des abeilles le plus près possible, en l'exhaussant sur des planchettes ou tout autre objet. Si vous avez des gâteaux vides, vous pouvez les remplir de miel et les disposer sur le plat de manière qu'ils touchent ceux de la ruche.

Quatrième et dernier mode. — Pour les ruches à hausses, le moyen le plus simple, quand on a du miel en rayons, c'est de le placer par-dessus le couvercle de la ruche, et de le recouvrir d'un chapeau (191). On peut ainsi, d'une seule fois, donner tout l'approvisionnement. Les abeilles n'y toucheront qu'au fur et à mesure de leurs besoins. On attendra qu'il n'y ait plus rien dans les rayons pour les enlever. En calfeutrant le chapeau, on prévient tout danger de pillage.

Ce dernier mode est préférable à tous les autres, il a le grand avantage de ne déranger ni les ruches ni les abeilles.

Observation. — Vous remarquez une population qui semble dédaigner le miel que vous lui présentez ; elle met beaucoup de lenteur à le transporter dans ses magasins. Quand pareille chose arrive, c'est que le froid est bien vif ou la famille bien réduite ; sans une cause de ce genre, jamais les abeilles ne sont indifférentes au miel.

Le miel qui a été mélangé d'un peu d'eau est plus agréable aux abeilles que celui auquel on a ajouté du vin.

Du miel figé que l'on présenterait aux abeilles resterait longtemps avant de pouvoir être emmagasiné, mais je ne puis partager l'opinion des apiculteurs qui prétendent que les abeilles périssent, quand leur miel d'approvisionnement se trouve figé dans l'intérieur des paniers. En 1857 et 1858, au mois d'août, presque tout le miel de mes ruches était figé, et cependant toutes ont traversé la mauvaise saison sans le moindre accident. Notre miel, il est vrai, se fige facilement en pot, mais il se granule peu.

De la cire brute, émiettée, est sans contredit ce qu'il y a de mieux pour couvrir le miel. Je crois que des parcelles de liége, c'est-à-dire, de vieux bouchons découpés vau-

draient encore mieux que des brins de paille. De la toile
d'emballage ou canevas est également très-convenable.

**62. Le moment de donner le miel aux
abeilles.** — Présenter le miel aux abeilles par un beau
soleil, c'est les exposer au pillage; le donner dans le milieu de la journée, par un temps froid ou pluvieux, c'est
un autre inconvénient: la famille s'émeut de joie, une partie s'échappe dans les airs, et je soupçonne fort que les
aventurières ne rentrent pas toutes à la maison. Il faut
donc attendre jusqu'au coucher du soleil pour ravitailler
les ruches. On doit placer le miel le plus près possible
des abeilles, le mettre, qu'on me passe l'expression, sous
leur nez, et de façon qu'il touche les gâteaux. On rétrécit
ensuite la porte, on calfeutre partout, et cela afin de concentrer la chaleur intérieure et de prévenir toute tentative
de pillage pour le lendemain.

Les émanations du miel appelleraient les abeilles étrangères, c'est pour empêcher ces émanations, qu'on recom-
mande particulièrement de bien calfeutrer.

Il arrive parfois que même en ne donnant la nourriture
qu'après le coucher du soleil, les abeilles, folles de joie, s'a-
venturent encore au dehors. Pour éviter ce grave inconvénient, on fera bien de boucher tout-à-fait l'entrée et de ne
l'ouvrir qu'à la nuit.

Quand on présente le miel, il y a presque toujours des
abeilles sur le plateau. On les chasse afin de pouvoir placer le vase. Mais elles reviennent immédiatement. Il faut
donc qu'il y ait encore assez de lumière pour les guider
vers leur domicile. Par conséquent, on n'attendra pas jusqu'à la nuit pour donner la nourriture.

Toute nourriture, miel ou sirop, doit être donnée plutôt

froide que chaude. Si on la donnait chaude, un certain
nombre d'abeilles trop avides périraient d'indigestion.

Recommandation. — Ne touchez jamais aux ruches
avant d'y avoir soufflé quelques bouffées de fumée. Vous
préviendrez par là la colère des abeilles, et vous main-
tiendrez le calme dans la famille. Ainsi, soit que vous
placiez, soit que vous retiriez le vase à miel, faites-vous
précéder de la fumée. C'est un ambassadeur qui réussit
toujours à négocier une paix honorable pour les parties.

Ne laissez traîner auprès du rucher rien qui rappelle
le miel. Au printemps comme à l'automne, pour peu que
vous excitiez la convoitise des abeilles par quelques gouttes de leur mets bien-aimé, gouttes qui seraient restées
dans les gâteaux ou sur les assiettes, elles s'y abattent
avec une sorte de frénésie et de là vont porter l'inquiétude,
le trouble et la guerre dans tout le rucher (157). Portez
donc à la maison assiettes et gâteaux, après en avoir chassé
les mouches qui pourraient s'y trouver.

63. **Sirops substitués au miel.** — Le miel est la
nourriture naturelle des abeilles. Cependant on lui substitue, sans inconvénient, le sucre et la glucose. Ayant employé ces deux substances, nous pouvons assurer que les
abeilles ne s'en trouvent pas mal, elles s'en servent tout
aussi bien que de miel pour élever du couvain.

J'ai nourri en 1857, depuis le 25 mars jusqu'au mois
de mai, plus de vingt ruches, exclusivement avec du sirop de sucre, et toutes ces ruches ont prospéré.

J'ai complété, dans les premiers jours d'octobre 1858,
les provisions de cinq ruches, au moyen de 11 kilogrammes de glucose, et, au printemps suivant, les cinq populations se trouvaient dans un état aussi satisfaisant que
celles qui n'avaient vécu que de miel.

Encouragé par ce résultat, j'ai donné, dans le courant d'avril 1859, environ 30 kilogrammes de glucose à onze colonies, et toutes ces colonies ont plutôt gagné que perdu sur les autres. Il est vrai que c'était un surcroît de nourriture que je leur donnais, car la plupart avaient des provisions de miel suffisantes pour les nourrir jusqu'en mai.

Enfin, pour compléter l'expérience, dans le courant de juillet et d'août 1859, j'ai donné 40 kilogrammes de glucose à cinq ruches, dont trois essaims tardifs, et deux souches de ces essaims. Leurs provisions se composaient pour un tiers, du miel qu'elles avaient récolté, et de glucose pour les deux autres tiers. Eh bien ! sur la fin de novembre suivant, les cinq ruches se sont trouvées dans un état très-prospère, et, en ce moment (3 avril 1860), je les compte parmi les meilleures du rucher.

64. Composition des sirops. — Le sirop de sucre est tout simplement de la cassonnade dissoute dans de l'eau, en comptant autant de kilogrammes de l'une que de litres de l'autre. Le sirop ainsi composé équivaut presque, pour sa valeur nutritive, à un poids égal de miel.

Un kilogramme de cassonnade dissoute dans un litre de moût de raisin bien mûr est une excellente nourriture qui se conservera en bouteille jusqu'au printemps suivant.

Le sucre en morceaux ne se dissolvant complétement que dans de l'eau chaude, je préfère me servir de cassonnade.

La glucose est un sirop très-concentré, très-gluant, incolore, parfaitement limpide, qu'il ne faut pas confondre avec le *sucre de fécule*. L'un et l'autre sont fabriqués avec de la fécule de pomme de terre. Le premier, sous forme sirupeuse, est d'un grand usage chez les confiseurs

4

et les liquoristes ; le second, sous forme solide, est employé dans la brasserie.

La glucose dont j'ai fait usage est fabriquée par la maison M. C. Bloch et ses fils, à Düttlenheim (Bas-Rhin). Bouillante, elle marque 40 degrés au *pèse-sirop*. Elle se vend de 45 à 60 francs les 100 kilogrammes, suivant l'abondance ou la rareté de la pomme de terre dans le Bas-Rhin.

La glucose de cette maison offre toutes les garanties nécessaires pour la santé des abeilles, ce produit y étant purifié par des procédés spéciaux.

Le sirop de fécule, avons-nous dit, est très-gluant ; aussi les abeilles ne peuvent que difficilement en séparer les parties et l'absorber, s'il n'est délayé préalablement dans un sirop de sucre.

Voici deux formules de préparation qui m'ont également réussi.

1° Dissolvez un kilogramme et demi de cassonnade dans un litre d'eau chaude ; dans cette liqueur, faites couler doucement trois kilogrammes de glucose, en ayant soin de remuer avec une spatule en bois, pour faciliter la dissolution. Laissez refroidir et conservez ce mélange pour la nourriture de vos abeilles. Avec ces proportions, vous obtenez cinq kilogrammes et demi de nourriture qui ne le cède guère pour la valeur nutritive à une quantité égale de miel.

2° La seconde formule diffère de la première en ce qu'au lieu d'un kilogramme et demi de cassonnade vous pouvez n'en employer qu'un kilogramme.

On voit que, pour les deux formules, il entre toujours une partie d'eau et trois parties de glucose.

La glucose à 40 degrés se conserve parfaitement bien sans s'altérer. Mais délayée à un degré inférieur, elle est sujette, dans les grandes chaleurs, à un léger mouvement de fermentation. On ne doit donc faire le mélange qu'à fur et à mesure des besoins.

Le sirop serait plus agréable aux abeilles s'il y entrait autant de miel que de glucose.

65. Présenter les sirops aux abeilles. — Les sirops de sucre et de fécule sont moins agréables aux abeilles ; elles les emmagasinent plus lentement que le miel. Les fortes populations emmagasineront en douze ou quinze heures un kilogramme de miel ; elles mettent vingt-quatre heures pour la même quantité de sirop. Il faut y mettre des soins et des attentions pour qu'elles ne délaissent pas ce dernier. Elles le dédaignent même ou n'y touchent que faiblement quand elles trouvent du miel à la campagne.

Avec les précautions suivantes, les abeilles absorberont jusqu'à la dernière goutte des sirops, à moins que la population ne soit très-faible.

Remplissez, à un centimètre près, un vase en faïence ou en fer-blanc contenant un litre de liquide. Placez au milieu un ou deux bouchons de liége ou de bois, assez gros pour que, enfoncés, ils soient à peu près de niveau avec le bord du vase. Disposez le vase de façon que le bord soit le plus possible rapproché des rayons inférieurs de la ruche. Le bord du vase sert d'échelle aux abeilles qui peuvent ainsi descendre graduellement jusqu'à ce que toute la nourriture soit enlevée. Les bouchons, dont l'épaisseur doit être égale à la profondeur du vase, flottent d'abord sur la liqueur, ensuite pressés par les rayons de la ruche, ils s'enfoncent et fournissent encore aux abeilles un moyen facile d'atteindre la nourriture.

J'ai recommandé des vases jaugeant au moins un litre,

c'est afin de déranger moins souvent les abeilles. Je ne crains pas de donner deux et trois litres de sirop à chaque ruche en une seule fois. J'emploie des vases en fer-blanc, à bords droits, ayant de 23 à 24 centimètres de diamètre sur 6 environ de hauteur. Les fortes populations emmagasinent le tout en trois jours.

Le fond de quelques-uns de mes vases est percé dans son milieu d'un trou de 2 centimètres de diamètre; sur ce trou s'élève, presque à la hauteur du vase, un tuyau de même diamètre; cet appareil permet de donner la nourriture par le haut, pour les ruches à hausses et à calotte. En effet, quand on en couronne une de ces ruches, les abeilles du dedans, montent par le tuyau, viennent prendre leur charge qu'elles rapportent par le même chemin. Pour éviter le danger du pillage, il faut avoir soin de recouvrir le vase d'une calotte bien calfeutrée dans ses joints. Ce ne sont que les fortes populations qui vont chercher si loin leur nourriture, et encore faut-il que la température soit douce.

L'emmagasinement de la nourriture, miel ou sirop, est toujours accompagné d'un fort bruissement. Quand ce bruit ne se fait pas entendre, on peut juger que les abeilles ne prennent pas ou presque pas la nourriture.

Consultez l'article 62.

66. **Quand faut-il cesser de nourrir les abeilles?** — On doit assurer les vivres jusqu'au 1ᵉʳ mai. Voilà la règle; cependant cette époque ne peut être fixée comme première et dernière limite. Supposez des pluies ou des froids continus pendant les mois d'avril et de mai, il est évident que les abeilles auront besoin de votre assistance pendant ces deux mois de pluie et de froid. J'ai vu des ruches périr de faim dans le mois de juin. Si le mois

d'avril se présente bien et qu'il fasse chaud, les abeilles, au lieu de consommer leurs provisions, les augmenteront. Mon opinion, basée sur l'expérience, c'est que les abeilles, avant les premiers jours de mai, amassent rarement assez de miel pour se suffire, et qu'après cette époque, elles ont rarement besoin de notre assistance. Pour être bien compris et pour n'induire personne en erreur, je dois avertir que mes observations ont été faites dans un pays agricole où l'on cultive le colza, où l'on rencontre des vergers couverts de cerisiers et de pruniers, dont les abeilles affectionnent particulièrement la fleur. Dans les années ordinaires, ces fleurs se succèdent depuis le 15 avril jusqu'au 15 mai. Dans les montagnes des Vosges, où la végétation est un peu plus tardive que dans la plaine, on fera bien d'assurer les vivres jusqu'au 10 mai.

LES ABEILLES AU PRINTEMPS.

67. Deuxième visite des ruches. — La seconde visite n'a d'autre but que d'examiner de près les quelques ruches douteuses que nous avons signalées dans les articles 50 et 51. Cette visite se fera du 15 au 30 avril. Il faut, avant de la faire, que ce mois ait fourni au moins huit jours de beau temps et de travail pour les abeilles, sinon on attendra au mois de mai. Pourquoi cette condition de huit jours de beau temps? C'est qu'alors les abeilles en auront profité pour multiplier le couvain et le proportionner à la population, et que tous les paniers ayant une reine auront aussi du couvain. Pour cette visite, choisissez une belle journée, un beau soleil, depuis dix heures du matin jusqu'à trois heures du soir. C'est le moment de la plus grande activité.

68. Colonie de 1ᵉʳ, 2ᵉ et 3ᵉ ordre. — Pour mieux faire comprendre l'état des ruches malheureuses que nous allons visiter, nous jetterons préalablement un coup d'œil rapide sur le rucher ; nous étudierons en quelque sorte la physionomie de chaque ruche. Examinez attentivement l'entrée de la première : le passage suffit à peine, tant est grand le nombre des ouvrières qui reviennent des champs et qui y retournent. Dans une minute, on peut compter jusqu'à une trentaine d'abeilles, chargées de pollen, qui

se hâtent de rentrer dans la ruche. Au milieu de ce mouvement d'entrée et de sortie, on remarque de quinze à
vingt abeilles placées tantôt de file, tantôt de front, comme
des tambours placés en tête d'un bataillon. On les voit
cramponnées au plateau, la tête baissée, l'abdomen en l'air,
agitant vivement les ailes : Ces abeilles sont en bruissement, elles font l'office de ventilateur, elles renouvellent
l'air de la ruche. Tous ces signes indiquent une ruche de
premier ordre ; inutile d'y toucher.

La seconde est moins animée. Les abeilles qui sont en
bruissement, celles qui reviennent chargées de pollen sont
moins nombreuses. De ces dernières on ne compte qu'une
vingtaine à la minute, mais c'est un mouvement régulier
et continu d'entrée et de sortie. Ne touchez pas encore à
cette ruche, elle essaimera si l'année est favorable.

En voici une troisième, encore moins animée que la précédente. A l'entrée, trois ou quatre abeilles sont en bruissement, huit ou dix seulement rentrent chargées dans
l'espace d'une minute. Si c'est un essaim de l'année précédente, cette ruche prospérera d'une manière remarqua-
ble ; elle ne fournira pas d'essaim, mais à l'automne on la
comptera très-probablement au nombre des meilleurs paniers. Si, au contraire, les gâteaux sont anciens, on ne
pourra pas beaucoup espérer de son avenir. Du reste,
qu'on soit sans inquiétude sur la présence de la reine. Je
suis encore d'avis de ne pas toucher à cette troisième
ruche.

69. **Colonie sans valeur.** — Nous venons de voir
trois colonies qui nous donnent des espérances plus ou
moins grandes ; mais voici une quatrième ruche qui nous en
laisse bien peu. Quelques rares abeilles montant la garde,
deux ou trois en bruissement, quatre ou cinq à la minute

rentrant avec du pollen, voilà le triste spectacle qu'elle nous présente. Selon toute apparence, elle a une reine, mais que peut faire un général sans soldats ? Examinez l'intérieur de cette ruche ; si vous y trouvez du couvain et s'il vous plaît de vouloir la conserver, coupez tous les rayons qui ne sont ni occupés par les abeilles ni remplis de miel ; la garde sera plus facile et la ruche sera moins exposée aux attaques de la fausse-teigne. Mais si vous en croyez les conseils de l'expérience, je vous dirai tout simplement que cette ruche doit être réunie à une voisine, et cela le jour même.

70. **Colonie orpheline qu'il faut réunir.** — Enfin nous arrivons à une dernière ruche. Elle a passablement d'abeilles à l'entrée ; cependant tout, à l'extérieur, paraît triste et désœuvré. De loin en loin une ouvrière sort, une autre chargée de pollen rentre ; l'une et l'autre semblent hésiter pour sortir ou pour rentrer ; une ou deux abeilles essaient de faire le bruissement ; c'est un bruissement qui paraît les fatiguer et les ennuyer, car il est souvent interrompu ; voilà la physionomie d'une ruche orpheline. Visitez l'intérieur, regardez jusqu'au fond de la ruche, coupez quelques gâteaux du centre, à une profondeur de quinze centimètres, examinez-les de près, regardez dans le fond des cellules ; si vous n'y découvrez pas des œufs ou des vers d'abeilles ouvrières, vous pouvez avoir la certitude que la ruche manque de reine. Il peut arriver que cette ruche n'ait pas de couvain d'ouvrières, mais qu'elle en ait de faux-bourdons, le mal est également irréparable, car ce sont des ouvrières fécondes ou des reines défectueuses qui produisent ce couvain, elles n'en produisent jamais d'autre (1).

(1) Le couvain produit par une ouvrière pondeuse se trouve

Une ruche qui n'a point de couvain d'ouvrières en avril,
doit être réunie à une autre. N'essayez pas de lui procurer
une reine, ce serait souvent peine perdue; et si par hasard vous y réussissiez, il serait encore très-douteux que
cette ruche pût se repeupler pour la saison du miel. Mais
alors, une moissonneuse après la moisson est-elle bien
utile?

**71. Réunion en avril des ruches sans va-
leur.**—On ne doit supprimer au printemps que des ruches
qui, quoique ayant une reine, ne forment qu'une très-faible
population, et les ruches orphelines, lesquelles ordinairement sont peu peuplées. L'opération est très-simple. On
choisira un beau temps et un moment de la journée où les
ouvrières vont à la campagne. Après avoir enfumé modérément la ruche à supprimer, on la secoue légèrement contre terre, quelques abeilles tombent; on secoue de nouveau, d'autres abeilles tombent encore; enfin, on secoue
successivement et plus fortement, jusqu'à ce qu'il n'en
reste plus. Si, malgré ces secousses répétées, il reste encore quelques abeilles, on enlève les gâteaux qui les retiennent. Les abeilles se relèvent, retournent à leur place,
et ne trouvant plus leur ruche, elles entrent sans beaucoup
de cérémonie dans les ruches voisines où elles sont reçues
sans difficulté. Quand la ruche est un essaim d'un an,
et quand surtout elle a du miel, on fera bien de la
conserver à la cave pour y loger un premier essaim. On
prendra alors plus de précautions dans la chasse aux
abeilles, afin de ne pas détacher les gâteaux. On peut secouer la ruche avec ses bras sans donner contre terre.

dans des alvéoles de bourdons, tandis que celui qui vient d'une
reine défectueuse est logé au centre de la ruche dans des cellules d'ouvrières. Voyez les articles 39 et 42.

Lorsque la ruche orpheline est à hausses, si la population est encore passable, au lieu d'en chasser les abeilles, comme nous venons de le voir, j'aimerais mieux la réunir à une autre ruche faible; dans ce cas, la réunion se fait le soir, après la rentrée des abeilles; on enfume les deux ruches jusqu'à bruisssement, on porte ensuite l'orpheline sur la ruche faible dont on a débouché le trou du couvercle; on calfeutre soigneusement afin que les abeilles du haut ne puissent sortir qu'en traversant la ruche inférieure (1). La réunion se fera d'autant mieux que les deux familles se mettront plus tôt en communication; il faut donc qu'elles soient rapprochées le plus possible, et pour cela, s'il en est besoin, on placera sur le couvercle de la ruche inférieure un petit gâteau qui devra toucher ceux de la ruche supérieure, et qui servira d'échelle pour communiquer de l'une à l'autre.

Les choses resteront dans cet état jusqu'au moment de la récolte du miel; cependant si les abeilles, trop peu nombreuses pour occuper les deux ruches, en abandonnaient une, il faudrait enlever celle-ci, parce qu'elle finirait par devenir la proie de la fausse-teigne.

72. Ne pas changer les ruches de place. — Que les ruches soient sur un rucher ou en plein air avec des surtouts, on ne doit pas les déplacer pendant toute la belle saison; si on le fait, les abeilles accoutumées à leur place, y reviennent et sont désorientées quand elles n'y trouvent plus leur ruche; elles se jettent dans les voisines

(1) Si la colonie avait du couvain de bourdons produit par une reine défectueuse, et logé par conséquent dans de petites cellules, il serait plus sage de secouer les abeilles à terre. On n'aurait pas à craindre, dans le combat des deux reines, la mort de celle qui est régulièrement fécondée.

plutôt que d'aller à la recherche du nouveau domicile de
la famille. Si, pour de bonnes raisons, on se trouve obligé
de changer les ruches de place, on le peut depuis novembre jusqu'en mars, même à cette époque, il y a encore
des inconvénients, mais bien moindres qu'en été (1). Je ne
parle pas du cas où l'on transporterait des colonies à une
distance considérable, à deux kilomètres, par exemple. Il
n'est pas question non plus des essaims : on peut les placer où l'on veut, le jour même de leur sortie et avant que
les abeilles aient pris l'habitude de la place qu'ils occupent.
Enfin, il faut excepter quelques cas prévus dans d'autres
parties de cet ouvrage où, pour certains cas, on conseille
des permutations de ruches.

73 **Porte des ruches plus ou moins avantageuse.** — C'est par la porte d'entrée que les abeilles
respirent, et que l'air se renouvelle ; si donc les gâteaux
de la ruche se trouvent en travers, et barrent en quelque
sorte le passage de l'air, les abeilles en souffriront : en hiver la mortalité sera plus grande, et en été le couvain
prospérera moins bien. Il est à remarquer que le couvain
et le gros des abeilles se trouvent plutôt en avant que par
derrière ou de côté. Vous vous étonnez quelquefois que
certaines de vos ruches, quoique bien peuplées, n'essaiment jamais ou bien rarement ; cela tient souvent à la
direction des gâteaux relativement à la porte d'entrée.

(1) Le 15 décembre 1859, j'ai déplacé dix ruches pour les
établir à 50 mètres plus loin. La température ayant été très-
douce depuis le 25 décembre 1859 jusqu'au 2 janvier 1860, les
abeilles en ont profité quatre fois pour prendre l'air ; j'en ai vu
beaucoup revenir à leur ancienne place. Probablement qu'elles
ont été saisies par le froid avant qu'elles eussent pu rejoindre
la famille.

Comparez ces gâteaux avec ceux de vos ruches qui essaiment souvent, et vous verrez que dans ces dernières, les gâteaux, au lieu d'être placés en travers de la porte, vont au contraire d'avant en arrière. Avec cette disposition, l'air rencontre moins d'obstacle pour pénétrer dans l'intérieur, puisque chaque galerie vient aboutir sur le devant. Si la porte est entaillée dans le plateau, il sera facile de placer la ruche de manière que les gâteaux aient la position indiquée ; pour cela, il suffira de faire faire un quart de tour à la ruche. Mais si l'entrée est pratiquée dans la ruche, il faut en faire une autre dans la direction des gâteaux et boucher l'ancienne.

74. Printemps précoces. — Je crains autant les printemps précoces que certains apiculteurs les désirent. Je redoute par dessus tout que les abeilles amassent beaucoup de pollen eu mars, car les abeilles amassant beaucoup de pollen sont portées à élever beaucoup d'ouvrières et de bourdons. Mais comme à cette époque la récolte du miel est loin d'être aussi abondante, les provisions s'épuisent, et si avril est froid ou pluvieux, elles viennent quelquefois à manquer totalement. Alors les mêmes abeilles sont réduites à tuer ce couvain et même à en faire leur pâture. En effet, on les voit sucer entièrement l'abdomen des jeunes nymphes.

75. Emigration des abeilles. — Sur la fin d'avril et quelquefois en mai, il peut arriver que les mouches, par un beau soleil, abandonnent leur ruche toutes ensemble, et se jettent dans une autre ruche, ou bien qu'elles se réunissent sur une branche d'arbre. Cet accident n'a lieu que pour les ruches dépourvues de provisions ; c'est la nécessité qui force ces pauvres abeilles à émigrer. Quand elles se fixent contre un arbre et qu'elles

sont encore en grand nombre, on les recueille en les faisant rentrer dans la ruche qu'elles ont abandonnée, et on
les nourrit le soir même. Le plus sûr, si elles sont peu
nombreuses, c'est de les recueillir dans une ruche vide,
et de les réunir à une autre ruche. Consultez à cet égard
l'article qui traite de la réunion des essaims 100.

76. Soins à donner avant l'essaimage. —
Trois semaines avant l'époque présumée de l'essaimage,
c'est-à-dire du 1er au 10 mai, on doit prendre un soin tout
particulier de son rucher. C'est le moment de faire ses
dispositions, soit pour renouveler les vieilles ruches, soit
pour empêcher l'essaimage des unes, soit enfin pour préparer les autres à fournir des essaims naturels ou artificiels.
Notre conduite se conformera aux résultats que nous vou-
drons obtenir.

77. Rajeunir les ruches à hausses. — Avec
la méthode suivante, on renouvellera une vieille ruche
dans le courant d'une campagne, pourvu qu'elle soit bien
peuplée et que l'année soit passablement bonne. On a dû
retrancher, en mars, la troisième hausse à toutes les ruches
qu'on avait l'intention de renouveler (56) ; nous n'avons
donc plus affaire qu'à des ruches composées de deux hausses seulement ; nous sommes au commencement de mai,
au moment de la plus grande activité des abeilles. Nous
voici à l'œuvre. On débouche l'ouverture du couvercle de
la ruche à rajeunir, et on place un chapeau par-dessus (191) ;
par le couvercle de celui-ci, on fait passer un petit bâton
de la grosseur d'un doigt, long de douze centimètres, qui
descend verticalement sur le couvercle de la ruche, et qui
est maintenu à son sommet dans le trou du chapeau. L'o-
pération est terminée. Le petit bâton sera pour les abeilles,

une échelle dont elles profiteront bientôt, pour aller s'établir de la ruche dans le chapeau et y travailler; sans cette précaution elles n'y monteraient que plus tard, souvent même elles essaimeraient avant d'y avoir bâti, et alors le but serait manqué. Dès que le chapeau sera rempli de gâteaux, on placera une hausse par-dessous, et alors il deviendra une véritable ruche. Lorsqu'on ajoute la hausse au chapeau, il y a déjà du couvain dans celui-ci, du moins c'est le cas le plus ordinaire; la reine, sans abandonner l'ancienne ruche, continue à pondre dans la nouvelle; d'un autre côté, tout le nouveau miel que les ouvrières récolteront, sera emmagasiné dans la ruche supérieure, laquelle deviendra en tout semblable à un essaim de l'année (1). Quand les choses en seront arrivées là, c'est-à-dire lorsque la ruche supérieure sera pleine, il sera important de lui ménager un passage extérieur, et pour cela, il suffit de la soulever un peu par le devant au moyen de deux petites cales et de calfeutrer où besoin sera. Avec cette ouverture qui lui donnera de l'air, la reine se décidera plus volontiers à abandonner l'ancienne ruche; elle sera suivie par la masse des abeilles qui se groupe toujours là où se trouve la reine. Les ruches resteront dans cet état jusqu'au printemps; ce sera alors le moment d'enlever l'ancienne ruche qui n'aura que peu de miel, peut-être point du tout, car, à moins que le froid ne s'y oppose, les abeilles vivront du miel de la ruche inférieure, avant de toucher à celui de la ruche supérieure.

Les choses ne se passeront pas toujours comme nous

(1) Les abeilles emmagasinent de préférence leurs provisions dans la ruche supérieure, en sorte qu'à l'automne on est étonné de trouver cette dernière si lourde et l'autre si légère.

venons de le dire ; dans les années mauvaises, la ruche
supérieure ne se remplira pas, et, dans les bonnes, elle
ne suffira pas ; nous allons donner notre avis sur l'un
et l'autre cas. Si la ruche supérieure n'est qu'à moitié
pleine, on retranche la hausse en septembre, et on replace
le chapeau sur la ruche inférieure : c'est une avance pour
l'année suivante, et, au mois de mai, on remet la hausse
sous le chapeau. Mais la ruche supérieure est pleine aux
trois quarts ; elle contient quatre ou cinq kilogrammes de
miel ; dans ce cas, on enlève en septembre, avec un fil de
fer, le couvercle de l'ancienne ruche ; puis on remet la
ruche supérieure par-dessus. Au mois de mars, il n'y
aura plus de miel dans l'ancienne, et on pourra supprimer
au moins la hausse du bas ; l'autre hausse, s'il y avait du
couvain, resterait encore et serait supprimée au printemps
suivant. Lorsque l'année sera abondante en miel, la
ruche supérieure ne suffira pas ; dès qu'elle pèsera treize
ou quatorze kilogrammes, on lui donnera une troisième
hausse ; il serait fort inutile de la lui donner si la récolte
tirait à sa fin.

Il est rare que les ruches médiocrement peuplées puissent être renouvelées la première année ; en voici la
raison : Le couvain y est peu abondant, surtout celui des
faux-bourdons ; les abeilles n'éprouvent pas le besoin de
s'étendre ; elles ont de quoi loger leurs provisions d'hiver,
même dans une petite ruche à deux hausses ; et quand
enfin, elles se décideront à construire quelques gâteaux
dans le chapeau, ce sera pour y emmagasiner un petit
excédant de miel. On doit alors laisser sur la ruche le
chapeau, quoique à demi rempli ; c'est une avance pour
l'année suivante.

78. **Empêcher l'essaimage.** — Il n'y a que les

ruches très-peuplées au printemps, qui puissent essaimer avantageusement; pour toutes les autres, on se contentera d'en espérer du miel, et de diriger tous ses soins vers ce but. On peut hardiment estimer à moitié, le nombre de ces ruches qu'on doit destiner à fournir du miel, et empêcher d'essaimer (1). En général, on empêche les essaims en agrandissant à temps l'habitation des abeilles; le moyen n'est pas infaillible, mais il réussira au moins quatre fois sur cinq. Trois semaines avant l'époque présumée des essaims, on ajoutera une hausse sous toutes les ruches fortes qui ne sont composées que de deux hausses, et qu'on destine à donner du miel. La hausse se remplit quelquefois dans l'espace de huit à dix jours. Quand elle est pleine de gâteaux aux trois quarts, on met un chapeau sur la ruche, sans oublier le petit bâton du numéro précédent, pour inviter les abeilles à monter. Voilà donc notre ruche composée de trois hausses et d'un chapeau. Les hausses suffiront pour loger le couvain et les provisions d'hiver, le chapeau servira de magasin pour l'excédant; on y trouvera, en juillet, un miel magnifique et pouvant orner la table d'un prince. Si on ne donnait la hausse ou le chapeau, que lorsque déjà la disposition intérieure est faite pour l'essaimage, on n'empêcherait rien; cette disposition préparatoire, qui précède de huit à dix jours la sortie de l'essaim, c'est la ponte de la reine dans les cellules royales. Ainsi, prenez vos précautions et donnez à temps de l'espace à vos ruches.

Voilà pour les ruches à deux hausses seulement; quant

---

(1) Pour les montagnes des Vosges et pour les contrées où le transport à la bruyère et au sarrasin se pratique, l'essaimage des ruches de second ordre est plus souvent avantageux que nuisible. Il ne faut donc pas l'empêcher.

à celles qui en auraient déjà trois, on se contenterait de mettre tout simplement un chapeau par-dessus. Ce serait un enfantillage que d'ajouter des hausses à des ruches médiocrement peuplées ; celles-là certainement n'essaimeront pas ; si, plus tard, leur population et leur poids augmentent sensiblement, on ajoutera une hausse à celles qui n'en ont que deux, et on donnera un chapeau ou calotte à celles qui en ont trois.

Observation. On suivra la même règle pour les ruches communes, on donnera des hausses à toutes celles qui seront destinées à fournir du miel.

Aucune séparation ne doit exister entre la hausse et la ruche ; il faut que les abeilles puissent prolonger sans interruption leurs gâteaux dans la hausse. En négligeant cette condition, on empêcherait rarement l'essaimage.

79. **Retarder l'essaimage.** — Les petites ruches ne donnent ordinairement que de petits essaims. Un autre inconvénient, c'est qu'elles essaiment plus tôt que les autres, et avant d'avoir amassé la moitié de leurs provisions. En les laissant essaimer, on s'expose beaucoup à perdre la mère et l'essaim. Voilà des faits incontestables. Il faut donc augmenter la capacité des petites ruches, afin d'en obtenir des essaims convenables. Ainsi, on ajoutera une hausse à toutes les ruches qui n'en ont que deux. Je vais plus loin : comme dans les années pluvieuses, les abeilles amassent peu de miel et sont très-disposées à donner des essaims, on fera bien de retarder l'essaimage, de l'empêcher même s'il est possible, en plaçant une quatrième hausse sous toutes les ruches composées de trois. Il serait à désirer, que, avant d'essaimer, une ruche eût au moins six ou sept kilogrammes de miel en magasin.

Ce que je dis des petites ruches à hausses s'applique

aussi aux petites ruches communes ; il faut donner à celles-
ci une hausse, pour les mettre en état de fournir un essaim qui ait chance de réussite. Une ruche petite est celle
dont la capacité ne dépasse pas vingt litres.

Les abeilles, dans les montagnes des Vosges, donnent
moins d'essaims, mais beaucoup plus de miel que dans la
plaine. Les petites ruches et leurs essaims, année commune, y amassent leurs provisions d'hiver. Ce serait donc
une faute de retarder l'essaimage, car il arrive parfois
que, ne voulant que le retarder, on l'empêche tout-à-fait.

80. Rendre forte une ruche faible. — Vous
remarquez, dans le courant du mois de mai ou au commencement de juin, une ruche faible de population et légère de miel ; à moins que l'année ne soit très-favorable
vous prévoyez qu'elle ne pourra se refaire. Venez-lui en
aide, donnez-lui de la population et fournissez-lui ainsi le
moyen d'amasser, en peu de temps, le miel qui lui
manque. Vous y réussirez en opérant de la manière suivante :

Choisissez une belle journée de travail, entre neuf heures
et midi. Adressez-vous d'abord à une ruche que vous savez très-forte et bien pesante ; mettez-la en état de
bruissement, ce qui est toujours facile quand les abeilles
sont en pleine récolte. Venez ensuite à votre protégée, en-
fumez-la jusqu'à bourdonnement ; enlevez-la pour la poser à terre ; allez chercher la première ruche, et placez-la
sur le plateau de la seconde, reprenez celle-ci et portez-
la sur le plateau de l'autre ; vous terminez en soufflant
quelques bouffées de fumée pour mettre les deux ruches
en état de bruissement ; c'est, vous le voyez, une simple
mutation, c'est la ruche faible qui est mise à la place de la

forte et réciproquement. Les plateaux restent, il n'y a que les paniers de changés.

L'histoire de nos deux ruches va vous intéresser. Les mouches de la plus forte reviennent en masse de la campagne, elles entrent d'abord sans défiance dans celle qui lui a été substituée, parce qu'elles reconnaissent leur plateau et les abeilles qui y sont restées; ce n'est que quand elles sont entrées qu'elles se trouvent dépaysées et qu'elles témoignent de l'inquiétude. Elles sortent, puis elles rentrent et finissent par s'acclimater, c'est l'affaire d'un jour. Du reste, il n'y a ni lutte ni combat. Le lendemain tout est tranquille. La ruche faible reçoit de la forte une nombreuse population, et amasse en peu de temps ses provisions. La forte, au contraire, ayant perdu les trois quarts de ses ouvrières, n'amasse presque plus rien, elle ne peut guère que suffire à la subsistance de son nombreux couvain; mais vous admirerez avec quelle promptitude elle réparera sa perte. Un mois après, elle se trouvera aussi peuplée que les autres.

Ce sera toujours une ruche très-forte et pourvue de ses provisions d'hiver que vous choisirez pour permuter avec la faible, et vous ne ferez cette opération que dans la saison des fleurs et du miel.

Avant de rien faire, visitez l'intérieur de la ruche faible et assurez-vous bien qu'elle a du couvain d'ouvrières (30); c'est une condition essentielle de succès. Quand le couvain de cette espèce lui manque, c'est qu'elle n'a pas de reine. On ne peut que lui donner un essaim ou la réunir à une autre ruche; il n'y a pas de permutation possible. Si vous omettez ou négligez quelqu'une de toutes ces conditions, ne faites retomber que sur vous-même la responsabilité de vos œuvres.

J'ai fait d'autres permutations qui ont également réussi. En 1857, je mis cinq petits essaims à la place de cinq ruches prodigieusement peuplées. Tout alla bien, excepté pour un essaim secondaire de trois jours, dont la reine périt. Cet échec me prouva une fois de plus que les jeunes reines non fécondées sont acceptées très-difficilement par des abeilles étrangères (44).

Voici ma manière d'opérer : Une heure ou deux avant le coucher du soleil, je mets l'essaim en état de bruissement et le pose à terre avec son plateau ; je porte ensuite la ruche forte, aussi avec son plateau, à la place de l'essaim qui, à son tour, va remplacer la ruche forte ; je soulève celle-ci par derrière, l'enfume assez fortement ; beaucoup d'abeilles de l'intérieur et toutes celles qui forment extérieurement la barbe s'enfuient et reviennent tout ahuries à l'essaim, où elles entrent avec empressement. On maintient l'état de bruissement dans l'essaim en y projetant quelques bouffées de fumée.

Il est bien entendu que les deux colonies conservent leur nouvelle place.

La permutation aura très-rarement de fâcheux résultats, si l'essaim a du couvain d'ouvrières sous forme de larves, parce que, dans le cas où la reine périrait, les abeilles auraient le moyen de la remplacer. Un essaim primaire qui date de cinq ou six jours a déjà des larves d'ouvrières, mais l'essaim secondaire n'en aura que dix ou douze jours après sa sortie de la ruche.

81. **Colonies plus actives que d'autres.** — C'est un fait bien constaté que certaines ruches ont beaucoup plus d'activité que d'autres. Ainsi, au printemps, j'espère toujours plus d'un essaim de l'année précédente que d'une autre ruche, quoique les populations soient

égales de part et d'autre ; ainsi une ruche, qui a donné
un essaim dans la dernière campagne, réussira généralement mieux qu'une autre qui n'a pas essaimé, quand
même les populations seraient équivalentes.

Les colonies les plus fortes au printemps ne conservent
pas toujours leur supériorité. On en voit qui déclinent et passent du premier au second rang, comme d'autres, du second
s'élèvent au premier. Les abeilles sont d'autant plus actives
que la reine est plus féconde ; le couvain réussit mieux dans
une jeune cire que dans une vieille ; d'un autre côté, la
mort de la reine fait toujours subir à la population un
temps d'arrêt : c'est à l'une de ces trois causes que l'on
doit attribuer la prospérité plus ou moins grande des colonies. Enfin, il y a des populations qui augmentent à vue
d'œil et amassent un butin surprenant ; dans ce cas, on
doit croire que les abeilles n'ont pas assez respecté le
bien d'autrui et qu'elles se sont enrichies par le pillage latent (158) au préjudice d'autres colonies.

82. **Distance entre les ruches.** — Dans les grandes chaleurs de l'été, il peut arriver que les abeilles d'une
ruche communiquent avec celles de la ruche voisine. Ce
mélange des deux populations donne lieu à des combats
d'avant-poste ; de la défiance on passe quelquefois à l'inti-
mité, au point que les deux peuples finissent par ne plus
en faire qu'un seul : l'une des ruches perd sa reine et sert
ensuite à l'autre de magasin à miel. Pour prévenir ces accidents, il suffit de dresser une planchette entre les deux
ruches, ou bien, si la chose est possible, de mettre un intervalle de 10 centimètres entre les plateaux.

SAISON DES ESSAIMS.

———— ❧◆❧ ————

83. **Saison des essaims.** — La saison des essaims dure environ six semaines ; elle commence à l'époque où la sève coule abondamment dans les plantes, c'est-
à-dire en mai et en juin pour les climats tempérés ; elle
varie aussi selon les années. On a lieu de croire qu'elle
commencera de bonne heure, lorsque les différentes pro-
ductions de la terre paraissent plus avancées qu'à l'ordinaire. Dans notre département de la Meurthe, les ruches
les plus fortes essaiment communément du 20 mai au 1er
juin, quelquefois l'essaimage ne durera que de dix à quinze
jours. Une grande chaleur et une sécheresse soutenue en
sont la cause.

La saison des essaims commence six ou sept semaines
après l'apparition des premières fleurs. Nécessairement
cette règle doit participer de l'irrégularité des printemps.
Si les abeilles amassent beaucoup de pollen dans la seconde moitié de mars, et que le mois d'avril soit beau, il y
aura des essaims dans les premiers jours de mai. Si au
contraire le printemps est tardif, et que les abeilles ne recueillent du pollen que dans le milieu d'avril, les essaims
ne paraîtront que sur la fin de mai ou au commencement
de juin.

Les ruches très-fortes commencent à élever des bourdons, à partir du moment où elles peuvent se procurer du pollen. Les bourdons sont vingt-quatre jours pour éclore, et l'essaim ne sort au plus tôt que six ou huit après leur naissance.

84. Colonies qui essaiment les premières. — Un mois à l'avance, un observateur attentif distinguera facilement celles de ses ruches qui donneront les premiers essaims, il se trompera rarement dans ses prévisions. Il remarque deux ruches très-fortes ; la porte suffit à peine pour livrer passage aux nombreuses ouvrières qui sortent et qui rentrent, l'une des deux est un essaim de l'année précédente, voilà celle qui donnera le premier essaim. Voici deux autres paniers aussi très-forts ; mais l'un est d'une capacité plus faible que l'autre ; ce sera le panier à moindre volume qui essaimera le premier. Enfin, de deux ruches de volumes égaux et de populations équivalentes, la plus lourde donnera son essaim la première. Ainsi, une ruche se trouvera dans les meilleures conditions possibles pour l'essaimage, quand cette ruche sera un essaim de l'année précédente, d'une capacité ordinaire, et qu'elle réunira à une bonne provision de miel une nombreuse population.

85. Indices d'un prochain essaimage. — On regarde généralement comme un indice de la sortie prochaine des essaims, l'apparition des bourdons. Ils commencent à paraître dans les premiers jours de mai, quelquefois en avril (1). Ce sont toujours les ruches les plus fortes qui fournissent les premiers ; jamais une ruche n'es-

(1) L'apparition des bourdons en avril suppose une belle récolte de pollen, dans la seconde quinzaine de mars, ce qui est rare dans nos contrées.

saine qu'elle n'ait montré ses bourdons six ou huit jours à l'avance. Entre midi et trois heures, par un beau soleil de mai, vous pouvez les voir sortir tout joyeux pour se donner le plaisir d'une promenade aérienne. Cependant, cette apparition des bourdons n'est pas toujours une preuve que la ruche essaimera.

Les bourdons sont aux essaims ce que les fleurs sont aux fruits : il n'y a pas de fruits sans fleurs, mais les fleurs ne donnent pas toujours des fruits; de même il n'y pas d'essaims sans bourdons, mais trop souvent il y a des bourdons sans essaims.

Un autre indice de la sortie prochaine d'un essaim, c'est quand le trop plein force une partie des abeilles à se tenir en dehors de la ruche. Le logement ne suffit plus à la famille qui déborde de toute part. L'essaim ne se fera pas attendre longtemps. Cependant, il peut arriver que de grandes chaleurs, devançant l'apparition des bourdons, obligent les abeilles à se tenir ainsi groupées à l'extérieur; dans ce cas, elles lasseront votre patience, en n'essaimant que de dix à quinze jours plus tard. Il manque quelque chose à la famille; elle attend qu'elle soit pourvue de bourdons adultes et de reine au berceau. D'autres fois, les ruches essaimeront sans que rien n'indique un excès de population; les abeilles ne débordent pas, le logement suffit à toutes, et cependant vous avez des essaims; c'est que les nuits précédentes ayant été fraîches et les journées d'une température modérée, les ouvrières se sont resserrées davantage dans l'intérieur et ont dissimulé leur nombre. Règle générale, les apparences d'une population excessive donnent des espérances prochaines pour les ruches peu âgées, et seulement des espérances éloignées pour celles à vieux gâteaux.

Après le coucher du soleil, comparez le bruissement que font entendre vos ruches; dans les faibles ou celles qui ne sont pas remplies de gâteaux, il est presque nul; dans les fortes, le bruissement est sourd, grave, fortement soutenu; dans les très-fortes, il devient aigu, plus éclatant, espérez un essaim de ces dernières ruches dans quelques jours. Voulez-vous encore un autre signe, voyez et considérez ces nombreuses abeilles venir de l'intérieur, s'avancer en toute hâte sur le plateau, comme pour apporter un message, puis s'en retourner et rentrer avec le même empressement, espérez un essaim dans quatre ou cinq jours.

Une ruche très-forte semble rester dans l'inaction; les ouvrières qui vont à la campagne et celles qui en reviennent ne sont pas aussi nombreuses que de coutume; l'activité n'est plus en rapport avec la population; les mouches paraissent être dans l'attente d'un grand événement. Oui, le grand événement se prépare pour le jour même ou pour le lendemain.

La sortie des bourdons avant l'heure accoutumée présage encore le départ de l'essaim pour le jour même.

86. **Nul indice n'est certain.** — Tous les signes dont nous venons de parler ne donnent que des espérances; ils précèdent presque toujours le départ des essaims, mais les essaims n'en sont pas la suite nécessaire. La pluie, le vent, une grande sécheresse, l'une de ces trois causes peut, d'un jour à l'autre, retarder l'essaimage et même y mettre un terme d'une manière absolue.

Il peut arriver que des ruches très-fortes n'essaiment pas et que d'autres de second ordre le fassent. L'explication de ce double fait est facile: Au moment où la ruche forte est prête à donner son essaim, il survient des mauvais temps continus qui déterminent la reine ou les

5

ouvrières à tuer les nymphes royales, tandis que le beau temps revient pour le moment où la ruche de second ordre est disposée à l'essaimage. Voir l'article 117.

87. **Départ, mise en ruche de l'essaim.** — C'est ordinairement de dix heures du matin à une heure de l'après-midi, que les essaims prennent leur essor. Les abeilles, comme un torrent impétueux, se précipitent hors de la ruche; celles de l'intérieur et celles qui sont groupées à l'extérieur, toutes partent pour de nouvelles destinées. Les voilà dans les airs; c'est une nuée qui se meut et se croise en tous sens. Après quelques minutes de ce vol incertain, le peuple émigrant se dirige vers un arbre qu'il trouve à sa portée; il s'attache au tronc ou à une branche, formant une masse tantôt arrondie, tantôt allongée, tantôt hémisphérique, selon l'emplacement qu'il a choisi. La ruche qui doit le recevoir est préparée; elle est propre; on a frotté l'intérieur avec des feuilles de fèves de marais, ou avec du thym, ou bien on y a passé un linge humecté d'eau salée. Dès qu'on ne voit plus que quelques centaines de mouches voler autour du groupe, il est temps de le recueillir. Après avoir mis un masque, tenez d'une main la ruche renversée sous l'essaim; de l'autre main, saisissez la branche et secouez vivement; l'essaim s'en détache et tombe dans la ruche, un plateau est là tout près pour recevoir cette ruche, et vous avez soin de la soulever d'un côté au moyen d'une petite cale. Alors les abeilles, qui étaient tombées en masse au fond de la ruche, retombent sur le plateau; les unes s'échappent et s'envolent, les autres sortent vivement, et s'avancent en bataillon serré, prêtes à prendre de nouveau leur essor, puis s'arrêtent tout-à-coup dans leur marche, se retournent et se mettent à faire le bruissement toutes en chœur; c'est le signal du

rappel. Toute la troupe l'entend, et s'empresse de rejoindre la reine. Alors on enfume les abeilles qui sont
restées à la branche ; on enfume aussi, mais modérément,
celles qui, posées sur le plateau ou sur la ruche, tardent
d'entrer. Un quart-d'heure ou une demi-heure après, tout
est rentré, quelques abeilles seulement voltigent autour de
la ruche ; il ne faut pas vous en inquiéter. Portez l'essaim
à la place qui lui est destinée et qui doit être à quelque
distance de la ruche-mère. Si vous attendiez jusqu'au soir,
vous vous exposeriez à voir un second essaim venir se
mêler avec le premier dans la même ruche.

Un autre inconvénient, c'est que beaucoup d'ouvrières
reviendraient les jours suivants voltiger autour de l'arbre
qui leur a servi de station.

Pour réussir dans la mise en ruche de l'essaim, il est
bon, mais il n'est pas absolument nécessaire, que la reine
se trouve d'abord dans la ruche ; quand elle ne s'y trouve
pas, les abeilles du dedans font entendre pendant quelque
temps un bruissement qui appelle aussi bien la reine que
le reste de la troupe. L'essentiel consiste à enfumer la
place où l'on peut supposer que la reine se trouve. Souvent je l'ai vue aller rejoindre sa famille. On doit toujours
approcher la ruche le plus près possible de l'endroit où
l'essaim s'est fixé.

88. **Essaim difficile à recueillir.** — Quand les
abeilles, au lieu de s'attacher à une branche qu'on peut
secouer, se placent contre un mur, un gros tronc d'arbre,
ou dans une fourche formée par les branches, on présente
la ruche de son mieux, on passe un petit balai sur les abeilles
pour les détacher et les faire tomber. Le reste se fait comme
on a dit dans l'article précédent. On voit encore des essaims se poser à terre, ce qui annonce la lassitude de la

reine, et donne à peu près la certitude qu'elle ne reprendra pas son essor. La mise en ruche de ces essaims n'offre aucune difficulté; on pose doucement la ruche par-dessus; on la tient soulevée d'un côté; on enfume modérément dans l'intérieur afin d'y provoquer le bruissement; on enfume ensuite les abeilles du dehors; bientôt tout l'essaim monte dans la ruche.

Pour recueillir un essaim suspendu à une branche très-élevée, il faut avoir un sac de grosse toile, haut d'environ un mètre, taillé en rond par le bas et attaché autour d'un cerceau; on fait, à vingt-cinq centimètres du haut, une espèce d'ourlet dans lequel on passe un cordon assez long pour le tenir dans la main, lorsque le sac est élevé. Quand il s'agit de s'en servir, deux personnes le présentent sous la branche au moyen de deux perches; elles secouent les abeilles par un mouvement de bas en haut et ferment ensuite le sac en tirant le cordon; elles versent aussitôt l'essaim dans la ruche qui lui est destinée; enfin, on enfume la branche, s'il est possible, pour en chasser le reste des abeilles. Au lieu d'un sac, on pourrait encore, au moyen d'une fourche, élever la ruche, y secouer les abeilles, et vite la retourner sur le plateau.

89. **Rentrée des essaims.** — Quelquefois, l'essaim rentre dans la ruche d'où il est sorti; il se balance quelque temps dans l'air, et puis, sans se reposer, il revient en masse serrée. Si la reine est rentrée avec la famille, une seconde émigration aura lieu le lendemain ou au premier beau jour. On peut supposer qu'il en est ainsi, quand au moment du départ, il fait du vent; que le soleil se couvre; ou qu'il tombe quelques gouttes de pluie. Mais si c'est une journée chaude, avec un beau soleil sans vent, il est à présumer, au contraire, que la reine n'est pas

rentrée et qu'elle est tombée à terre. Dans ce dernier cas, l'essaim ne ressortira plus que du huitième au neuvième jour (107); il doit attendre la naissance des jeunes reines.

D'autres fois, au lieu de rentrer paisiblement, la colonie se jette dans une ruche voisine et là une bataille furieuse s'engage entre les deux peuples. La reine s'est introduite dans la ruche par erreur, les abeilles l'ont suivie, de là cette confusion, cette guerre à mort; aussitôt qu'on s'aperçoit de la méprise, s'il en est temps encore, on enlève pour quelques minutes la ruche assaillie, et on y substitue celle d'où sort l'essaim; quand tout est rentré, on remet chaque chose à sa place. Si la reine s'est réellement introduite dans le panier étranger, en le visitant vous verrez sur le plateau un peloton immobile d'abeilles gros comme une noix, la reine en forme le noyau, elle est pressée par les ennemis qui l'entourent et qui finissent par l'étouffer, si on ne vient pas vite à son secours; les abeilles sont tellement acharnées contre la pauvre captive que la fumée est seule capable de leur faire lâcher prise.

Lorsque la reine tombe à terre ou s'égare, il est à remarquer que l'essaim ne se décide pas aisément à rentrer; il cherche sa reine, il se répand dans toutes les directions, on voit qu'il lui manque quelque chose. Un observateur attentif, soupçonnant l'accident, s'attend bien à voir rentrer l'essaim dans quelques minutes; s'il cherche avec soin, il finit très-souvent par découvrir la reine tombée en avant de la ruche, surtout lorsqu'il y a des herbes, des plantes qui contrarient le vol des abeilles.

90. **Reine tombée et rendue à l'essaim.** — Voici un exemple choisi entre dix autres. C'était en 1834. Un essaim sort, le voilà dans l'espace, bientôt il se montre inquiet; je cherche en avant de la ruche, j'y trouve la

reine; mais la pauvrette, elle n'a plus que l'aile gauche, encore cette aile unique est-elle échancrée. Que faire de cette royauté mutilée et sans sujets? Je m'avise de la ramasser dans le creux de ma main, et de la réunir à un peloton gros comme le poing, qui essayait de se rassembler à une branche d'arbre. Dans moins de dix minutes, les abeilles, qui commençaient déjà à battre en retraite, se sont toutes groupées autour du peloton. L'année suivante cet essaim, avec sa reine mutilée, a donné à son tour un autre essaim; j'en épiais la sortie depuis huit jours; enfin il sort, je cours en avant de la ruche et je trouve encore, comme je m'y attendais, la reine tombée, mais dans un état pitoyable. L'année précédente, il lui restait encore l'aile gauche; cette fois, il n'y avait pas même trace d'aile; je la recueille encore, et ne voyant aucun peloton d'abeilles auquel je puisse la réunir, je pense à un autre moyen qui déjà m'avait réussi plusieurs fois. Je renferme la reine sous verre, j'enlève la ruche qui vient d'essaimer, et la remplace par celle destinée à l'essaim, et au moment où celui-ci se dispose à rentrer, je rends à la reine sa liberté, en la faisant entrer dans la ruche vide. Les choses se sont encore passées comme je l'espérais; l'essaim s'est rassemblé autour de sa reine, et un quart d'heure après, la ruche-mère se retrouvait à sa place et l'essaim à celle qui lui était destinée. Quand on enlève la ruche-mère pour mettre à sa place la ruche vide, il faut laisser le plateau avec les abeilles qui s'y trouvent; la reine est tout de suite en pays de connaissance, et l'essaim entre sans défiance, pensant rentrer dans sa ruche.

94. Départ simultané de deux essaims. — Dans un rucher composé de nombreuses colonies, deux essaims peuvent sortir en même temps, se réunir et ne

plus former qu'un seul groupe ; je ne conseillerai jamais
de les séparer, je connais trop les avantages des essaims
forts sur les faibles. Cependant, voici un moyen de les
diviser qui réussira souvent.

On recueille ce double essaim de la même façon que les
autres et on ajoute une hausse, si la ruche ne suffit pas.
Vers le coucher du soleil (1), auprès du rucher, sur un
sol uni, on secoue légèrement l'essaim contre terre, de
manière à ne faire tomber qu'une partie de la population,
un quart par exemple. On secoue une autre partie à un
mètre plus loin, un troisième quart à égale distance, le
reste est conservé dans la ruche, chaque portion est à
l'instant recouverte d'une ruche vide. On tourne avec de la
fumée tout autour de chaque groupe d'abeilles pour les
forcer à monter dans leur ruche respective ; c'est l'affaire
d'un quart d'heure pour bien isoler les groupes. Au bout
d'une heure, peut-être plus tôt, on saura si les reines
sont dans des ruches différentes. Les groupes qui auront
une reine seront tranquilles et paisibles ; les autres com-
menceront à se troubler, à s'agiter ; il suffira alors de rap-
procher de chaque ruche à reine une de celles qui n'en
ont pas. La réunion des abeilles orphelines avec celles qui
ont une reine s'opérera plus vite, si on envoie à ces dernières quelques bouffées de fumée, pour provoquer le
bruissement comme signal de rappel. C'est intéressant de
voir comme les pauvres orphelines s'empressent de rejoindre leur mère. En divisant l'essaim en six portions, les
chances de séparer les reines seront plus grandes.

Lorsque deux essaims sont rassemblés dans une même

(1) Il n'y a pas d'inconvénient d'attendre jusqu'au soir pour
opérer la division des essaims, parce que les reines surnuméraires ne sont ordinairement tuées que pendant la nuit.

ruche, il est possible que les deux reines périssent en même temps. L'explication de ce fait est facile : chaque reine, isolée de sa propre famille, s'est trouvée au milieu des abeilles de l'autre famille qui l'ont enveloppée et pressée de toute part. Quand cet accident a lieu, les abeilles retournent à leurs ruches respectives, et l'on trouve sur le plateau de l'essaim une des reines, retenue dans une prison bien étroite et bien dure. C'est un petit peloton d'abeilles, nous l'avons dit, qui entoure la pauvre reine et qui finit par l'étouffer.

Quelquefois ces essaims, malgré la perte des deux reines, n'abandonnent pas la ruche; ils construisent alors des gâteaux composés uniquement de cellules à bourdons. Ne pouvant pas élever de couvain, ils ne recueillent point de pollen, mais ils amassent du miel; j'en ai récolté jusqu'à huit kilogrammes dans une seule ruche. Ces sortes d'essaims sont excessivement rares, j'en ai rencontré peut-être une dizaine en tout.

92. Empêcher les essaims de se réunir. — Il n'est guère possible d'empêcher la réunion de deux essaims qui sortent de leur ruche au même moment. Mais si l'un est rassemblé à la branche d'un arbre, ou recueilli dans une ruche, lorsqu'il plaît à l'autre de quitter la maison maternelle, il sera facile de s'opposer à la réunion qui aurait très-probablement lieu, si on n'y mettait obstacle. Il suffit de se placer avec un enfumoir entre les deux populations; une fumée abondante, dirigée contre le second essaim, l'éloignera et le forcera à s'établir à quelque distance du premier. Si ce premier essaim se trouve déjà rassemblé dans la ruche, on se contentera de le transporter à quelque distance. Inutile alors d'employer la fumée contre le second qui s'établira où il lui plaira.

93. Essaim à la station d'un essaim précédent. — Assez souvent les essaims du lendemain vont s'établir à la branche qui a servi de station à ceux de la veille. La raison de cette préférence, c'est que la nouvelle colonie est attirée par les quelques abeilles de la première qui reviennent voltiger autour de l'arbre où elles s'étaient posées la veille. Une seule fois, j'ai eu occasion d'en reconnaître les inconvénients. C'était en 1838. Un essaim vint s'établir sur le même arbre qu'un autre essaim de la veille; il fut recueilli sur-le-champ; mais à mon grand étonnement, au bout de deux heures, les abeilles se mirent en mouvement, elles sortirent et s'en retournèrent une à une à la ruche-mère. Enfin, je soulevai l'essaim, il ne restait plus qu'un quart de la population; je vis sur le plateau un petit peloton d'abeilles gros comme une noix; la reine en formait le triste noyau, elle était dans un état désespéré. Alors tout me fut expliqué, c'étaient les quelques abeilles de l'essaim de la veille, qui, s'étant rencontrées avec cette reine, l'avaient enlacée et étreinte jusqu'à ce que mort s'ensuivit.

94. Poids et volume d'un bon essaim. — Un bon essaim doit peser deux kilogrammes environ. Il est bon de dire ici que les abeilles, en quittant leur domicile pour aller fonder une nouvelle colonie, se munissent toutes d'une provision de miel qui les rend plus lourdes que dans leur état habituel; la différence de poids est même assez sensible. D'après des expériences que j'ai faites et dont je garantis l'exactitude, il faut 11,200 abeilles à leur état habituel de vie pour peser un kilogramme; tandis qu'il n'en faut pour former le même poids que 9,400, quand on les prend dans un essaim et qu'on les pèse quelques heures après leur sortie. Quant au vo-

lume, un essaim de deux kilogrammes remplit aux trois
quarts une ruche jaugeant dix-huit litres environ; ceci cependant suppose une température modérée; car, par les
grandes chaleurs, l'essaim s'étendra et remplira toute la
ruche.

Le volume apparent d'un essaim est au moins quatre ou
cinq fois plus grand que le volume réel : tel essaim qui
remplit la ruche, si on le fait tomber sur le plateau, forme
à peine une couche de quatre ou cinq centimètres d'é-
paisseur.

Je suis tenté de croire qu'ils n'ont rien vérifié les auteurs qui portent à trois kilogrammes le poids des essaims
ordinaires. Ce poids me paraît exagéré d'un tiers ou d'un
quart.

95. **Installation de l'essaim.** — La première
nuit de son installation, un essaim travaille à se couvrir,
c'est-à-dire à faire des constructions entre lesquelles il
puisse se loger. Pour peu que la saison soit favorable, il
ne lui faut que cinq ou six jours pour remplir de rayons
tout l'espace qu'il occupait le jour de sa mise en ruche.
Quand ce premier travail est terminé, les gâteaux n'avancent plus qu'autant que de nouvelles cellules deviennent
nécessaires pour loger le miel et le couvain.

Les deux ou trois premiers jours, les ouvrières charrient
peu de pollen, on le comprend facilement, puisque les
quelques œufs qui ont été pondus la première nuit n'écloront que trois fois vingt-quatre heures après. Ce n'est que
le quatrième jour qu'on aura besoin de pollen pour nourrir les jeunes larves.

96. — **Rendre fort un essaim faible.** — Si,
pour une cause quelconque, une ruche très-forte ne vous
donne qu'un essaim faible, il sera toujours aisé de le ren-

dre fort, et cela sans le moindre inconvénient. Aussitôt que l'essaim est recueilli et prêt à être porté sur le rucher, enlevez la ruche-mère, et sur le plateau de celle-ci, mettez l'essaim. Les abeilles restées sur le plateau et celles qui vont revenir des champs, en augmenteront bientôt le volume. Le lendemain, de nouvelles ouvrières, venant encore s'y réunir, votre essaim se trouvera être très-fort. N'ayez aucune inquiétude sur la souche si, toutefois, elle est lourde. Elle aura réparé le déficit de sa population avant un mois.

Il est bien entendu que la souche doit rester à sa nouvelle place. Pour faire cette mutation en toute sécurité, il faut avoir la certitude que l'essaim est sorti de telle ruche et non de telle autre ; sinon, en mettant à la place d'une ruche un essaim qui n'en serait pas sorti, les abeilles monteraient difficilement dans l'essaim à cause du vide de la ruche. Il y aurait alors désordre et confusion.

La permutation de l'essaim avec la souche, quand celle-ci est lourde, présente deux avantages. L'essaim où se trouve réunie presque toute la population aura bientôt fait ses vivres ; la souche de son côté, est trop affaiblie pour donner un essaim secondaire.

97 Nourrir l'essaim. — Inspiré par une prévoyance admirable, un essaim au départ, emporte toujours avec lui des provisions pour plusieurs jours. Déjà, la nuit suivante, des cellules sont ébauchées, et la reine y dépose quelques œufs. Si les trois jours qui ont succédé à l'établissement dans la ruche sont favorables au travail, c'en est assez pour donner aux abeilles le temps d'amasser des provisions qui les mettront en état de supporter huit ou dix jours de mauvais temps. Mais si, pendant les deux premiers jours de son installation, l'essaim ne peut aller chercher sa nourriture à la campagne, il faut lui venir en aide et lui donner du miel qui le fasse vivre jusqu'au retour du beau temps. Soixante grammes par jour me paraissent suffisants. On croit communément qu'un essaim emporte des provisions pour trois jours. J'aimerais mieux le nourrir le troisième jour que d'attendre au quatrième.

98. **Loger l'essaim dans un bâtis.** — Quelques apiculteurs sont dans l'usage de loger des essaims dans des ruches contenant des gâteaux ; on leur donne, disent-ils, un appartement tout meublé qui leur épargne beaucoup de peine et de travail. Ils conservent donc pour cette destination des ruches dont les rayons ne soient pas de trop ancienne date. Cette méthode est bonne, pourvu que ce soient des gâteaux d'essaims de l'année précédente. Je suis persuadé qu'un essaim recueilli dans une ruche renfermant un bâtiment tout fait, se trouvera à l'automne plus lourd qu'un autre du même jour et d'une population équivalente, mais recueilli dans une ruche vide.

D'après une expérience faite en 1859, l'avantage de loger un essaim dans un bâtis ne serait pas aussi grand qu'on pourrait le croire. Voir l'article 25.

Quand on voudra conserver intactes ces constructions faites par des essaims de l'année précédente, on les suspendra pendant l'hiver dans un grenier. Pendant les mois d'avril et de mai, on les descendra à la cave, afin de les préserver des attaques de la fausse-teigne.

99. **Essaim se logeant dans un bâtis.** — On a laissé par négligence sur le rucher un panier dont les abeilles sont mortes. Les constructions existent, mais il n'y a plus personne pour les habiter. Au moment de l'essaimage, on remarque dans ce panier autant d'animation que dans les autres. D'où vient cette population qui est

venue si à propos le raviver ? C'est tout simplement un essaim qui s'y est établi. De tels cas ne sont pas rares.

100. **Réunion des essaims.** — Un propriétaire
qui comprend ses intérêts, préfère la qualité des ruches à
la quantité. Il aime mieux deux bons essaims que quatre médiocres. Il réunira d'abord les essaims, même précoces, qui
ne rempliraient pas les trois quarts d'une ruche de dix-huit litres. Il réunira aussi les essaims forts, mais tardifs (1). Il
profitera de l'essaimage pour fortifier une ruche faible et
peu ancienne. On peut affirmer qu'en général un rucher
ne prospère qu'autant qu'on pratique largement la réunion
des essaims. Sans doute, les essaims médiocres réussissent dans les bonnes années, mais ces années sont rares,
elles sont exceptionnelles.

Nos réunions se font toujours le soir, depuis une demi-
heure avant le coucher du soleil jusqu'à la nuit. Nous
voici avec deux essaims du même jour; aucun n'est assez
fort pour rester seul; il faut les réunir, autant que possible, le jour même de leur sortie. Choisissons, près du rucher, un sol uni et sans herbe; étendons deux baguettes
longues de cinquante centimètres et de la grosseur d'un
doigt, distantes l'une de l'autre de quinze centimètres environ. Apportons les deux essaims à droite et à gauche ;
enfumons modérément jusqu'à ce que nous entendions un
fort bourdonnement dans les deux. Une fumée trop abondante ferait tomber les abeilles sur le plateau. Prenons en-

(1) Nos abeilles, généralement parlant, n'amassent plus rien
à la mi-juillet; mais c'est précisément à partir de cette époque
que, dans les pays à bruyère et à sarrasin, commence la grande
récolte de miel. Des essaims médiocres mais précoces, ou des
essaims forts, mais tardifs, y ont donc plus de chances de réussite que dans la plaine ; on fera donc bien de ne pas les réunir.

suite, un des essaims, secouons-le fortement sur les baguettes et couvrons-le par l'autre essaim. Les abeilles
tombées à terre débordent de toute part; elles semblent
vouloir s'enfuir; promenons de la fumée tout autour pour
les décider à retourner dans la ruche. Quand elles sont à
peu près toutes rentrées, lançons quelques bonnes bouffées dans l'intérieur pour entretenir ou rétablir le bourdonnement. Ne craignons jamais rien si l'état de bruissement se soutient fort et continu pendant une demi-heure
au moins après la réunion; craignons au contraire lorsqu'on entend seulement un bruit faible dans l'intérieur.
En observant les règles que nous venons d'indiquer, nous
ferons très-peu de victimes.

Je n'y mets pas toujours tant de façon pour réunir deux
essaims du même jour : je les enfume jusqu'à bruissement; ensuite, par un coup sec et ferme, je fais tomber
l'essaim le plus faible dans le plus fort; puis, appliquant
vite le plateau sur la ruche et les tenant collés ensemble,
je les retourne dans leur position naturelle.

Quand c'est un essaim du jour qu'il s'agit de réunir à
un autre des jours précédents, c'est toujours ce dernier
qu'on doit conserver, à cause des nouvelles constructions
qui s'y trouvent déjà, mais alors n'employez pas le moyen
expéditif dont je viens de parler. En renversant la ruche,
les gâteaux tomberaient infailliblement.

Voulez-vous donner un essaim du jour à une ruche faible? vous pouvez suivre indifféremment l'une des deux
méthodes; aimez-vous la plus expéditive? dans ce cas,
frappez un premier coup sur l'essaim, les abeilles tombent
et s'enfoncent bien vite entre les gâteaux de la ruche faible; un second coup en fait tomber d'autres qui s'enfoncent comme les premières; enfin, un troisième et dernier

coup fait tomber le reste. En secouant le tout à la fois, il y aurait engorgement et reflux.

Le bourdonnement est une condition essentielle de réussite, il faut le provoquer avant l'opération et le maintenir encore après.

101. Réunion plus ou moins difficile. — En été, par les temps orageux ou pluvieux, il est assez difficile de mettre les abeilles en état de bruissement. Les réunions d'essaims sont plus difficiles à opérer avec succès.

Une population dont on vient de retirer la reine et qui a du couvain, fraternise facilement avec une autre population à laquelle on la réunit. Quelques bouffées de fumée avant et après la réunion, suffisent pour prévenir tout combat.

Les apiculteurs qui voudront réunir un essaim secondaire à un autre essaim, feront bien, avant la réunion, de s'emparer de la reine de l'essaim secondaire. Avec cette précaution et un peu de fumée, tout ira bien. Voir l'article 112.

J'ai toujours quelque inquiétude pour une réunion d'un essaim secondaire, car à l'automne, si je trouve parfois des essaims sans reine, ce sont presque toujours des réunions d'essaims secondaires.

102. Essaim partagé entre deux ruches. — Vous avez un essaim fort, mais tardif, dont vous ne savez que faire; vous ne devez pas le rendre à la mère, dans la crainte qu'il ne ressorte les jours suivants; mais vous pensez à deux ruches médiocres que vous aimeriez à fortifier. Apportez ces dernières sur un sol uni; laissez entr'elles un espace suffisant pour y secouer l'essaim fortement et d'un seul coup; les abeilles entrent à droite et à gauche; elles se porteront peut-être en plus grand nombre vers l'une des ruches; quand vous jugez que la moitié est entrée

dans la plus favorisée, éloignez-la, revenez vite avec de la
fumée pour diriger le reste des abeilles vers la moins heureuse. Je vous répéterai ici que si vous avez soin d'établir d'abord l'état de bruissement, et de le maintenir ensuite, vous ne trouverez pas vingt mouches mortes le
lendemain. Ne tentez jamais de réunion tant qu'il n'y aura
pas un fort bourdonnement dans les ruches.

103. **Essaim d'un essaim ou rejeton.** —
Dans les années où le temps de l'essaimage dure un mois
ou six semaines, on voit parfois un fort essaim précoce
donner aussi un essaim. Cet enfant que, dans certains
pays, on appelle rejeton, fait courir à sa mère et court lui-
même de grands risques de mourir de faim. Le rendre à
sa mère, c'est exposer celle-ci à essaimer de nouveau
dans deux ou trois jours; lui enlever sa reine et ensuite le
réunir à sa ruche natale, c'est encore pire, c'est provoquer
presque sûrement cette dernière à donner un essaim secondaire sept ou huit jours après. Que faire donc de ce
malheureux enfant qui nous donne tant de soucis? Réunis-
sons-le à une ruche faible. Quant à la mère, on ne peut en
tirer parti qu'en la réunissant à une autre ruche. Mais pour
cela, il faut attendre le mois suivant, ou même l'arrière-
saison. Les rejetons seraient excessivement rares si l'on
avait soin de donner une hausse ou une calotte à un essaim fort et précoce, et cela dès que la ruche est pleine
de rayons.

ESSAIMAGE SECONDAIRE.

CONSIDÉRATIONS SUR L'ESSAIMAGE.

104. Essaims secondaires. — J'appelle essaim secondaire celui qui est produit par une ruche qui a déjà essaimé huit ou dix jours auparavant. Ce qui distingue essentiellement un essaim secondaire d'un essaim primaire, c'est que celui-ci est toujours conduit par l'ancienne reine, et que l'autre s'envole sous les étendards d'une reine de quelques jours (32). Ainsi, un essaim primaire, qui, après être sorti de sa ruche, y rentre avec sa reine et ressort deux ou trois jours après, n'est point un essaim secondaire, car c'est toujours l'ancienne reine qui le conduit; mais si la reine s'est égarée pendant le jet, les abeilles, nous l'avons dit ailleurs (89), rentrent et ne ressortent plus que huit ou neuf jours après. Elles attendent la naissance des reines qui sont au berceau et qui n'éclosent qu'à partir du sixième jour après le départ de l'ancienne. Alors ce sera un essaim secondaire, parce qu'il sera guidé par une jeune reine.

105. Colonie à essaim secondaire. — Premièrement, la ruche dont l'essaim primaire est rentré par suite de la perte de sa reine, donnera infailliblement un essaim secondaire. En second lieu, une ruche dont les gâteaux ne datent que d'un ou de deux ans, est très-exposée à fournir un essaim secondaire quand, après avoir essaimé une première fois, elle conserve encore une population passablement forte. Enfin, dans certaines années, presque toutes les ruches donnent des essaims secondaires; d'autres fois, ces essaims seront peu communs, mais toujours vous serez prévenu de leur départ dès la veille.

106. Provoquer l'essaim secondaire. — L'essaim secondaire ruine la souche, il amasse très-rarement ses provisions d'hiver; mais il y a un moyen, sans nuire à la souche, de le rendre volumineux.

Aujourd'hui, une ruche donne son premier essaim; nous voulons dans huit jours en obtenir un second qui soit fort; dans cette intention, nous mettons le premier essaim à la place de la souche (98), et celle-ci à la place d'une ruche très-forte, et cette dernière à une autre place vacante. Pour prévenir tout accident, on établira dans la souche l'état de bruissement avant de la mettre à la place et sur le plateau de la ruche très-forte.

Avec ce moyen on provoquera presque sûrement la sortie d'un essaim secondaire volumineux.

107. Indice certain d'un essaim secondaire. — L'essaim secondaire part ordinairement le huitième ou le neuvième jour après la sortie du primaire et toujours il se fait annoncer, dès la veille, par le chant de la reine. Par exemple, deux ruches essaiment le lundi : la première a conservé peu de monde, très-probablement elle n'essaimera pas de nouveau; la seconde, au contraire, est encore forte, un essaim secondaire est à craindre. En effet, le dimanche et le lundi suivants, après le coucher

du soleil, nous allons appliquer notre oreille contre la ruche, nous entendons un son tout particulier sur un même
ton, assez semblable à celui du grillon ; c'est le chant de
la reine (1) ; l'essaim sortira le lendemain ou le surlende-
main, s'il fait beau. Mais, si le temps est mauvais pendant quatre ou cinq jours, vous entendez trois ou quatre
reines et vous distinguez parfaitement leur chant ; l'essaim
sortira, accompagné de plusieurs reines ; dans ce cas, la
ruche-mère court risque de devenir orpheline si on ne lui
rend son essaim.

Quand la sortie de l'essaim primaire a été retardée par
la pluie ou le froid, le chant de la reine peut se faire
entendre plus tôt : ainsi, en 1858, du 15 au 28 mai, à une
belle journée succédaient trois ou quatre jours de froid ;
pendant cette période, on entendait parfois le chant des
reines deux ou trois jours après la sortie de l'essaim primaire. La régularité ne s'est rétablie que pour les colonies qui ont essaimé après le 28 mai, parce que le temps
a été constamment beau jusqu'au 20 juin.

Les jeunes reines attendent quelquefois jusqu'au douzième
jour avant de chanter, mais c'est une exception si rare que
je n'en parle que pour mémoire. Il n'est pas question ici
des ruches dont on a tiré un essaim artificiel ; pour celles-
là, les reines ne chantent jamais avant le treizième jour (126).

Une ruche où les reines chantent nous donne presque
la certitude qu'il en sortira, le lendemain ou les premiers
beaux jours suivants, un essaim secondaire ; cependant
quand le miel devient rare et que la guerre aux bourdons

(1) Quelquefois la reine met d'assez longs intervalles entre son
chant, et alors il faut écouter patiemment et attentivement pour
l'entendre.

est déclarée, dans ce cas, malgré le chant de la reine, la ruche pourra bien ne pas essaimer.

Plusieurs apiculteurs de notre temps sont tombés dans une confusion d'idées regrettable, en assurant que les essaims primaires, aussi bien que les essaims secondaires, se font annoncer, dès la veille, par un bruit intérieur tout particulier et par le chant de la reine. Ce bruit, ce chant, quelque soin que j'y misse, je n'ai jamais pu ni les saisir, ni les entendre avant le départ de l'essaim primaire, excepté deux fois dans des circonstances de mauvais temps tout-à-fait exceptionnel, mais toujours les reines chantent avant le départ de l'essaim secondaire.

108. Départ et caprices des essaims secondaires. — L'essaim secondaire sort communément entre midi et trois heures. Il est volontaire et capricieux, surtout lorsqu'il est accompagné de plusieurs reines; il sortira et rentrera peut-être plusieurs fois avant de se fixer quelque part. D'autres fois il se jettera comme une tourbe indisciplinée dans une ruche étrangère, ou bien, se jouant de tous vos efforts, il prendra un vol rapide et droit comme la balle, pour aller je ne sais où, dans une cheminée abandonnée, dans un trou de vieux arbre. Une autre fois, quoique rassemblé dans une ruche, il l'abandonnera quelques heures après, pour retourner à la ruche-mère ou s'enfuir pour toujours. Ces sorties, ces rentrées successives diminuent considérablement les provisions de la souche; d'un autre côté, la surveillance et la mise en ruche deviennent ennuyeuses. Dès que ces essaims sont fixés à une branche, hâtez-vous de les recueillir, et sans vous inquiéter des quelques centaines d'abeilles qui voltigent autour de la ruche, enfermez-les au moyen d'un tablier de cuisine, réunissez-les le jour même à une autre ruche;

mieux encore à la mère le lendemain matin. Tout essaim
d'un faible volume qu'on n'a pas vu sortir doit être réputé
essaim secondaire et sera traité comme tel.

Pour s'épargner les soucis, les embarras que causent
la surveillance, la sortie, la rentrée et parfois la fuite de
ces essaims, des apiculteurs les préviennent en les faisant
artificiellement. L'essaim, enveloppé d'une toile très-claire,
est placé à l'ombre, dans un endroit frais. Une heure
avant le coucher du soleil, on lui rendra la liberté. S'il
manque de reine, les abeilles seront inquiètes, tumultueu-
ses, elles se hâteront de retourner à la souche ; mais s'il
en a une, elles resteront paisiblement dans la ruche
jusqu'au lendemain matin. C'est alors le moment de le
rendre à sa famille (111). Cependant, dans le cas bien rare
où la souche ferait encore entendre le chant royal, il faudrait
attendre vingt-quatre heures de plus ; mettre l'essaim sur
le plateau et à la place de la souche et celle-ci à une place
vacante. A la fin de la journée, cette dernière se trouve
tellement affaiblie dans sa population qu'elle ne manque
pas, la nuit suivante, de tuer toutes les reines surnuméraires. C'est alors qu'on peut sans crainte, la remettre à sa
place après avoir opéré sa réunion avec l'essaim.

Pour ne rien omettre, j'ajouterai que dans le transvasement, les jeunes reines ne suivent pas toujours le gros des
abeilles et qu'on est obligé assez souvent de recommencer
l'opération.

**109. Empêcher la fuite d'un essaim secon-
daire.** — Dès qu'un essaim secondaire est sorti, on
examine la direction qu'il prend ; s'il paraît s'éloigner du
rucher, ou se porter vers un lieu dénué de tout arbris-
seau, on essaie de l'arrêter en lui jetant de l'eau avec un
aspersoir, une grande brosse, une touffe de paille ; on

peut encore lui lancer du sable, de la poussière. Les gens
de la campagne gratifient d'un petit charivari tous leurs
essaims indistinctement, pensant empêcher ainsi leur fuite.
Cette pratique, dont je ne connais pas la valeur, doit être
conservée, ne fût-ce que pour attester l'existence de l'essaim et donner au propriétaire le droit de le réclamer. Il
est bien rarement nécessaire de recourir à l'eau et à la
poussière pour arrêter les essaims primaires : leurs reines,
plus lourdes que celles des essaims secondaires, ont un
vol plus pénible qui ne leur permet guère de s'éloigner
du rucher.

**110. Histoire de la souche d'un essaim se-
condaire.** — Lorsque la ruche a donné un essaim secondaire, elle est réduite à une très-faible population,
dans ce cas, elle a peut-être encore plusieurs reines sorties de leurs cellules, mais ces reines ne chantent plus;
elles se livrent un combat acharné la nuit suivante; la
plus forte ou la plus heureuse va tuer ensuite ses rivales
au berceau, et reste ainsi seule maîtresse du champ de bataille. Le lendemain matin, on voit souvent les victimes de
la nuit tombées en avant de la ruche.

Cependant, il est encore possible que le lendemain vous
entendiez le chant des reines. Quand ce cas très-rare se
présente, un essaim tertiaire est à craindre. Gardez-vous
bien alors de rendre à la mère l'essaim secondaire, comme
nous allons le conseiller dans l'article suivant : en augmen-
tant la population dans cette circonstance, vous détermi-
neriez très-probablement la sortie de l'essaim.

111. Réunion de l'essaim secondaire. —
Dans nos contrées, les essaims secondaires n'amassent pas
leurs provisions d'hiver; que peut-on attendre en effet
d'une colonie qui forme à peine la moitié d'une population

ordinaire ? il faut absolument les réunir à d'autres ruches, mais de préférence à la mère, quand on sait d'où ils viennent. On ferait bien de ne rendre l'essaim secondaire à la ruche-mère que le lendemain; on pourrait alors parier dix contre un qu'il ne ressortirait plus.

Entre cinq et six heures du matin, on enfume légèrement la ruche-mère, uniquement pour la calmer et se garantir des piqûres; on la renverse en la posant à terre; sans autre préparation, on secoue une portion de l'essaim, puis une seconde, puis enfin une troisième par un dernier coup ferme et sec; les abeilles tombent et s'enfoncent entre les gâteaux de la mère. On remet ensuite celle-ci sur son plateau. La réunion est terminée. Comme c'est la même famille, aucun combat n'est à craindre, l'usage de la fumée devient inutile. Peut-être quelques abeilles tomberont à côté de la ruche; ne vous en occupez pas, elles sauront bien rejoindre la mère.

Si ce moyen ne vous plaît pas, secouez l'essaim à terre sur deux baguettes, placez la ruche-mère par-dessus, enfumez les abeilles pour hâter leur rentrée; une demi-heure après, reportez la mère à sa place. Il n'est pas question ici de la réunion des essaims secondaires qui viennent à la suite d'un premier essaim primaire, que la perte de sa reine a forcé de rentrer. Il est clair que ces sortes d'essaims, étant aussi forts que les primaires, auront les mêmes chances de succès.

112. **Trouver la reine d'un essaim.** — Voici comment on réussira neuf fois sur dix à trouver la reine d'un essaim. On le secoue doucement et successivement dans cinq ou six chapeaux (191); les abeilles tombent et s'étendent sur les parois intérieures; on retourne les chapeaux. Une demi-heure ou une heure après, les groupes

commencent à s'agiter : les uns un peu plus tôt, les autres un peu plus tard. Un seul reste calme, c'est celui qui possède la reine; c'est là qu'il faut la chercher.

On enfume une des portions qui sont agitées, le bruissement y est bientôt établi; on secoue à 30 centimètres de distance le groupe qui tient la reine; les abeilles entendent le bourdonnement voisin, elles se dirigent vers ce côté, quelques bouffées de fumée les engagent toutes à suivre le même chemin. Quand on les voit en marche pour franchir les 30 centimètres qui les séparent de leurs sœurs, on regarde attentivement, et dès qu'on aperçoit la reine, on la couvre avec un verre qu'on tient à la main.

C'est curieux de voir les abeilles dans cette circonstance. Elles ressemblent à un troupeau de moutons qui se pressent de rentrer dans la bergerie.

On peut faire cette chasse à la reine dans une chambre à toute heure de la journée; mais elle ne devra être faite en plein air que le soir, une heure avant le coucher du soleil ou le matin avant six heures.

113. **Reconnaître d'où sort un essaim secondaire.**—Nous avons dit, art. 111, qu'il fallait rendre à la ruche-mère l'essaim secondaire. Mais souvent on ignore de quelle ruche est sorti ce petit essaim que l'on voit suspendu à une branche d'arbre et qui est très-probablement un essaim secondaire. Si vous êtes curieux de le savoir, suivez-moi. Vous aviez une ruche où la reine chantait, allez écouter, et si vous n'entendez plus rien, c'est que l'essaim est sorti de cette ruche. Si vous n'avez pas fait attention au chant de la reine, il vous reste encore un autre moyen de constater l'origine de votre essaim. Le lendemain au lever du soleil, mettez quelques pincées de farine au fond d'un verre, puisez dans l'essaim quelques centaines d'a-

beilles ; les mouches emprisonnées dans le verre tombent et retombent dans la farine, elles s'en font un vêtement. Donnez-leur alors la liberté. Elles vont d'abord voltiger là où, la veille, elles ont été mises en ruche, mais n'y retrouvant plus la famille, elles se décident enfin à retourner à la ruche-mère et fournissent ainsi leur acte de naissance.

Quand même nos abeilles réussiraient à se débarrasser de leur vêtement d'emprunt, elles trahiraient encore leur origine, en rentrant à une heure où personne, dans les autres ruches, ne rentre parce que personne n'est encore sorti.

114. L'essaim secondaire ruine la souche. — L'expérience m'a constamment démontré que les essaims secondaires causent souvent la ruine des ruches-mères. Sur vingt ruches qui auront essaimé deux fois dans une année ordinaire, la moitié au moins se trouvera, à l'automne, sans provisions suffisantes. Quelques-unes perdront leur reine et deviendront la proie de la fausse-teigne. On peut estimer à un cinquième le nombre des ruches qui deviennent orphelines par suite d'un second essaimage. Cet accident arrive surtout à celles dont les gâteaux sont anciens, et à celles qui, contrariées par le mauvais temps, ne donnent l'essaim secondaire qu'après le douzième jour à partir de la sortie du primaire. La ruche qui a fourni deux essaims n'est plus en état d'augmenter ses provisions : le nombre des ouvrières est trop réduit ; les faux-bourdons, toujours nombreux dans ce cas, consomment beaucoup ; de plus, la ponte abondante de la nouvelle reine nécessite une grande dépense de miel, et la nouvelle population ne verra le jour qu'à l'époque où la campagne, dépouillée de ses fleurs, n'offrira plus aucune espèce de res-

6

sources. De toutes ces causes, il résultera que cette ruche, qui était encore lourde en juin, n'aura plus que la moitié de ses approvisionnements en septembre. Le seul cas où une ruche puisse essaimer deux fois sans trop d'inconvénient, c'est quand il lui reste, au printemps, une réserve qui puisse suppléer au manque de l'année courante. Il faut donc empêcher la formation de tout essaim secondaire ou, s'il s'en est formé un, le réunir à sa mère.

115. Empêcher l'essaim secondaire. — Je ne connais qu'un moyen certain d'empêcher la formation de l'essaim secondaire, c'est de mettre l'essaim primaire à la place de la souche, en se conformant aux prescriptions de l'article 96. Il y a un second moyen, connu en Champagne, qui réussira souvent; je l'ai employé une année, et aucune des ruches sur lesquelles je l'ai tenté n'a fourni d'essaim secondaire, tandis que presque toutes les autres en ont donné. Ce moyen consiste à détruire les faux-bourdons au berceau, le jour même de la sortie de l'essaim primaire, ou les trois jours suivants, au plus tard. Pour y parvenir, on renverse la ruche comme si on devait y prendre du miel. On écarte les abeilles avec de la fumée pour reconnaître les cellules à bourdons, très-faciles à distinguer des cellules d'ouvrières. Souvent le même gâteau en renferme des deux espèces, mais les cellules à bourdons dépassent les autres de trois millimètres; il n'y a pas de méprise possible pour l'observateur attentif. Les cellules à bourdons étant reconnues, on enlève, avec un couteau bien aiguisé, la pellicule qui les ferme, de façon à découvrir la tête des jeunes bourdons. En ne faisant qu'ouvrir la cellule, on ne craint pas d'endommager le couvain d'ouvrières qui pourrait se trouver dans le même gâteau, puisque le couteau n'enlève tout au plus que l'épaisseur de deux millimètres, et que les cellules à bourdons dépassent les autres de trois millimètres environ (20). On remet ensuite la ruche à sa place. Aussitôt les abeilles se mettent à l'œuvre : elles retirent des cellules les bourdons mis à découvert, et dont la tête est endommagée. Vous les voyez traîner leurs cadavres hors de la ruche et s'en débarrasser au plus vite.

Je vois un double avantage dans cette pratique : d'abord on empêche souvent la sortie de l'essaim secondaire, ensuite on débarrasse la ruche de beaucoup de bouches inutiles qui lui seraient à charge dans un avenir prochain.

Pour prévenir la sortie de l'essaim secondaire, des apiculteurs conseillent, l'un de donner à la souche une jeune reine non fécondée, l'autre de mettre une hausse après le départ de l'essaim primaire, un troisième d'enlever toutes les cellules royales, moins une. Les deux premiers moyens sont plus que douteux. La jeune reine, neuf fois sur dix, ne trouvera que la mort dans la nouvelle famille à laquelle on voudra l'associer; la hausse n'est bonne que pour prévenir l'essaim primaire, elle n'empêchera que bien rarement l'essaim secondaire. Enfin, le troisième moyen est impraticable : comment trouver et détruire toutes les cellules royales? pourrez-vous voir celles qui sont cachées sous les rayons ou dans le fond de la ruche? Après de nombreux essais, je ne crois pas plus à l'efficacité des deux premiers moyens qu'à la possibilité du dernier.

116. Indices de la fin de l'essaimage. — Pendant tout le temps que dure l'essaimage, vous remarquez un grand mouvement dans le rucher; les ouvrières se pressent, les unes d'aller à la campagne, les autres d'en revenir; c'est un travail actif, vigoureux, de moissonneuses qui ne veulent laisser rien dépérir dans les champs.

Mais quand, à cette grande activité, succède une espèce de relâche et de repos, quand les abeilles paraissent moins empressées pour le travail et qu'elles rapportent peu de pollen, c'est que la saison des essaims touche à son terme. Peut-être quelques essaims aventureux, des essaims secondaires surtout, voudront-ils encore, en enfants insoumis, abandonner le toit maternel; mais hâtez-vous de les réunir à la mère ou à une autre ruche. Enfin, il arrive un moment où les abeilles font une guerre générale et acharnée aux bourdons, devenus inutiles ou plutôt à charge à la communauté, ce moment, facile à saisir, indique que non seulement c'en est fait pour les essaims, mais encore que le miel fait défaut à la campagne. La récolte est à peu près terminée, et malheur aux derniers essaims et aux ruches qui ont essaimé deux fois, si les uns et les autres n'ont pas leurs provisions d'hiver! Cependant, à une guerre générale, succède quelquefois une trève plus ou moins longue; c'est que le temps a changé, et que la campagne fournit de quoi vivre (17).

117. Bruissement de nature différente. — Le bruissement des colonies très-peuplées, qui se disposent à essaimer, est tout différent du bruissement des populations très-fortes après la saison des essaims : dans le premier cas, il est plus éclatant; dans le second, plus sourd. Pendant l'essaimage les ruches qui barbent font entendre le premier bruissement; après l'essaimage elles font entendre le second.

Il y a plus, vous remarquez au printemps une ruche très-peuplée, vous en attendez votre premier essaim; mais lorsqu'elle est prête à le donner, une grande sècheresse, des pluies, des froids surviennent, alors les reines au berceau sont détruites, et il n'y a plus d'essaim à espérer de cette colonie; alors le bruissement n'est plus le même, il est moins bruyant. Ainsi cette ruche de premier ordre n'essaimera pas, tandis qu'une autre de second ordre le fera, si la saison redevient bonne au moment où elle sera prête à donner son essaim.

118. Avantage de l'essaim fort sur le faible. — Le même jour, nous avons trois essaims, pesant chacun 1,500 grammes: le soir même, au coucher du soleil, nous en réunissons deux dans la même ruche; nous laissons le troisième essaim, en l'abandonnant à sa fortune. La population de la première ruche est immense, il faut ajouter une hausse pour loger ce grand peuple. La population de la seconde est une population ordinaire. Celle-ci amassera-t-elle par exemple un kilogramme de miel, dans le même temps que la première en amassera deux? Cela semblerait naturel, car dans un temps donné, un ouvrier doit faire moitié de ce qu'en font deux. Cependant les faits sont ici en opposition avec ce raisonnement, l'essaim doublé aura en magasin trois kilogrammes de miel, quand l'autre en aura à peine un. Remarquons que ce calcul est plutôt affaibli qu'exagéré, c'est-à-dire que l'essaim doublé travaillera encore dans une proportion plus grande. L'expérience est facile, seulement pesez les ruches avec soin, et ne vous contentez pas d'un simple coup d'œil.

Vous voyez maintenant combien il est avantageux de mélanger même les essaims primaires. Il faudrait que l'année fut bien mauvaise pour qu'ils ne réussissent pas; et dans les bonnes années, ils gagneront un poids étonnant. En pratiquant la réunion, on s'abandonne le moins possible au hasard des saisons.

119. La souche d'un essaim donne peu de miel. — Dans nos contrées, les abeilles n'ont pas la res-

source du sarrasin et de la bruyère ; elles n'amassent pas
de grandes quantités de miel. Quand les ruches de premier ordre en amassent dix kilogrammes, non compris
celui de leurs essaims qu'on peut estimer à la même quantité, et quand les ruches de second ordre en amassent sept
ou huit et leurs essaims autant, nous sommes contents et
nous appelons cela une bonne année. D'après ces données,
on voit que, même dans les bonnes années, les ruches qui
essaiment donnent peu de miel, puisqu'il en faut sept ou
huit kilogrammes pour leurs provisions d'hiver. Que sera-
ce donc dans les années ordinaires ? Il n'y aura que les
plus fortes ruches qui pourront essaimer utilement. Toutes les autres, à moins qu'elles n'aient conservé de bonnes
réserves de l'année précédente, se ruineront en donnant
des essaims, et ceux-ci seront aussi malheureux que leurs
mères. J'entends souvent dire par les uns : j'ai beaucoup
d'essaims, mais peu de miel ; par les autres : J'ai beaucoup de miel mais peu d'essaims. Eh bien ! soyez sûr que
le propriétaire qui a eu beaucoup d'essaims, avait incontestablement le meilleur rucher au printemps, et aurait eu
bien plus de miel que le second, s'il eût empêché d'essaimer ses ruches de second ordre. C'est n'avoir pas l'expérience des abeilles que de prétendre obtenir de la même
ruche, à la fois, un essaim et du miel.

120. **Produit de deux ruches dont une a
essaimé.** — Dans cette question, il s'agit d'apprécier au
juste et de comparer le produit de deux ruches dont une
seulement a essaimé. Mes recherches à cet égard ont été
faites avec la plus grande attention ; je vais en donner le
résultat consciencieux. Au printemps, vous avez deux paniers à peu près égaux pour le poids, l'âge et la population ; tous deux ont les mêmes chances de succès. L'un

donne un essaim qui est recueilli et logé à part; l'autre n'essaime pas, parce que vous lui donnez à temps une hausse pour continuer ses constructions (78). Vérifiez les produits à la fin de la récolte. D'une part, pesez la mère et son essaim, tenez compte du poids de la cire, des abeilles et des paniers; la soustraction faite, vous savez le poids total du miel qui se trouve dans les deux. D'autre part, prenez le poids brut de la ruche qui n'a pas essaimé, défalquez aussi le poids du panier, des abeilles et des gâteaux, pour avoir le poids de son miel. Comparez ce poids au total que vous aviez tout-à-l'heure, et vous trouverez, à votre grande surprise, que cette dernière a amassé, à elle seule, plus de miel que les deux autres ensemble, et que la différence sera de un à trois kilogrammes (1). Donc, lorsqu'un rucher est suffisamment garni de ruches, il ne faut permettre l'essaimage qu'aux plus fortes, et uniquement dans le but de remplacer celles qui périssent par accident et celles encore qu'on supprime pour cause de vieillesse ou de caducité.

121. Est-il avantageux qu'une ruche essaime? — On ne peut espérer à la fois de la même ruche un essaim et du miel (2), nous l'avons dit à l'article

(1) La différence se réduira à peu de chose, peut-être même sera-t-elle en faveur de l'essaim et de la souche, si la récolte du miel se prolonge jusqu'en août; mais elle sera de deux à trois kilogrammes, si, quinze jours ou trois semaines après l'essaimage, les abeilles ne trouvent plus à se nourrir. C'est ce qui arrive trop souvent chez nous.

(2) Dans les montagnes des Vosges et les pays où se pratique l'apiculture pastorale, c'est-à-dire le transport des abeilles à la bruyère et au sarrasin, il arrive souvent que la même ruche donne un essaim et encore du miel. Aussi, pour ces contrées, l'essaimage est presque toujours avantageux.

119; une ruche forte qui n'essaime pas, amassera, à elle seule, plus de miel que n'en amasseront ensemble une ruche-mère et son essaim, c'est encore ce que nous avons établi dans l'article 120; il y a donc pour l'année même, désavantage et perte évidente. Mais un propriétaire doit consulter l'avenir autant que le présent, et sous ce point de vue, une ruche lourde et forte qui essaime, lui présente de grands avantages pour l'année suivante. Observons les travaux de deux paniers également peuplés, également approvisionnés. Le premier donne un bel essaim; le second, pour une cause quelconque, n'en donne point; voyons l'histoire de chacun. Le premier, après avoir donné son essaim, est dans une position difficile, il a perdu peut-être les deux tiers de sa population; les travaux s'en ressente; les provisions n'augmentent plus que dans une faible proportion, et, à la fin de la campagne, il n'aura peut-être que le nécessaire pour la mauvaise saison; mais ce qu'il a perdu d'un côté, il l'a gagné de l'autre; il a réparé la perte de sa population et au printemps prochain, vous le compterez encore parmi vos bonnes ruches.

L'histoire du second panier n'est pas moins intéressante : il n'a pas essaimé, sa population est excessive, cependant elle ne reste pas dans l'oisiveté, comme beaucoup de gens le pensent; le soir et le matin elle se tient en dehors de la ruche, mais pendant la journée, elle travaille et amasse beaucoup; le poids de la ruche augmente sensiblement tous les jours; il faut ajouter un chapeau ou une hausse pour suffire à l'abondance de la récolte; en un mot, tout va bien jusqu'ici; mais à l'automne, la famille a plutôt diminué qu'augmenté, et au printemps suivant, elle ne paraît guerre plus nombreuse que celle du premier panier.

La conclusion à tirer de l'histoire de nos deux ruches, c'est que dans les années ordinaires, les ruches fortes procurent un grand avantage en essaimant; à la vérité, elles ne donnent pas de miel; mais on s'en trouve dédommagé l'année suivante; car alors on a deux bonnes ruches au lieu d'une, on a l'essaim et la mère.

Dans les années mauvaises, il est toujours regrettable qu'une ruche essaime; lorsque cela arrive, les provisions de la mère diminuent tous les jours; l'essaim n'amasse que peu de chose, et comme il est dénué de tout approvisionnement, sa population disparaît comme par enchantement; de sorte que le seul moyen de sauver la ruche-mère et l'essaim, c'est de les réunir à une autre ruche.

Observations. — Nous avons vu, art. 80, qu'une ruche lourde et forte, que l'on substitue à une ruche faible, a bientôt réparé la perte de sa population. Nous constaterons le même fait, art. 126 pour la ruche qu'on a déplacée pour y substituer celle dont on a tiré un essaim artificiel. Eh bien! la même chose a lieu dans les ruches qui ont essaimé dans de bonnes conditions de miel et de population: elles se repeuplent d'une manière merveilleuse, elles redeviennent presque aussi fortes qu'elles l'étaient avant l'essaimage, les abeilles qui la composent semblent ne plus avoir qu'une pensée, celle d'augmenter les membres de leur famille. Aussi, j'ai cru remarquer que le couvain, en juillet, était plus nombreux dans ces ruches que dans celles qui, quoique très-fortes, n'avaient pas essaimé. La population de ces dernières reste à peu près la même, tandis que dans les autres elle augmente sensiblement tous les jours.

122. Est-il avantageux d'avoir des essaims?

— Cette question est en partie résolue par tout ce que nous venons de dire. Ici comme dans beaucoup d'autres

choses, la vérité se trouve entre les extrêmes. Les essaims
forts et précoces réussissent presque toujours; ils seront,
l'année suivante, l'espoir et l'orgueil du propriétaire. Il
faut des essaims pour réparer les pertes inévitables qu'on
peut estimer sans exagération à quinze pour cent. J'entends par pertes inévitables, des ruches qui dépérissent,
soit par suite de l'hiver, soit même en été, pour des causes souvent inconnues. Ainsi, en supposant qu'on ne
veuille pas augmenter son rucher, il faut toujours des
essaims pour remplacer les ruches qui périssent. Les bons
essaims sont donc avantageux et nécessaires pour augmenter et même pour conserver un rucher; mais les
essaims faibles ou tardifs causent des pertes sans com-
pensation. Les trois quarts du temps, ils n'amassent qu'une
faible portion de leurs approvisionnements; c'est une richesse apparente qui se réduira presque à rien, attendu
que, après avoir affaibli les ruches-mères, on sera encore
obligé d'en réduire le nombre pour les réunir en automne.
Un apiculteur bien avisé ne négligera jamais, au moment
de l'essaimage, de doubler tous les essaims faibles ou
tardifs; il ferait encore mieux de prévenir leur sortie en
donnant des hausses à temps. J'appelle essaim tardifs,
tous ceux qui viennent à une époque où l'on voit déjà
d'autres essaims qui ont amassé deux ou trois kilogrammes
de miel. Un essaim du 1er juin sera précoce dans les
années tardives, et il deviendra tardif dans les années précoces.

ESSAIMAGE FORCÉ DES ABEILLES.

123. Essaim artificiel. — L'essaim naturel se
compose d'un groupe d'abeilles qui se séparant de la famille, l'abandonne pour aller s'établir ailleurs, et former
une autre famille. Ce que les abeilles font par instinct,
l'homme le crée par l'art. Moyennant certaines conditions
et en suivant certaines règles, d'une peuplade il en fera
deux, et le résultat de cette opération s'appellera un essaim artificiel. Ainsi, *un essaim artificiel se compose d'un
certain nombre d'abeilles que l'homme sépare violemment
de la famille, pour en faire une autre famille.* Il a
réussi dans son œuvre, si chaque peuplade est pourvue
d'une reine, ou possède les moyens de s'en procurer.

La portion d'abeilles où se trouve la reine régnante
s'appelle *essaim artificiel*, *essaim forcé* : l'autre portion
qui n'a plus que des reines au berceau ou du couvain
d'ouvrières susceptibles de devenir reines, s'appelle *mère
d'essaim artificiel*, ou simplement *ruche forcée.*

Pendant la saison des essaims, les ruches lourdes et
bien peuplées ont souvent des reines au berceau. Si on
retire de ces ruches la reine régnante et une bonne partie
de la population, il est clair que dans ce cas les abeilles
pourront facilement remplacer leur reine. Mais si les jeunes
reines manquent, il reste encore aux abeilles une ressource
supplémentaire ; elles agrandiront la cellule d'un ver destiné
à donner une abeille ouvrière (36) ; elles donneront à ce

ver privilégié une nourriture particulière, le mets des dieux
enfin (30), et douze jours après, chose admirable, du sein
du peuple, sortira une reine de bon aloi, sinon de bonne
condition ; et sa royauté en vaudra une autre de plus
haute naissance. Remarquons cependant que les abeilles
ne recourent à la roture qu'à défaut de race royale.

124. Essaim par transvasement. — La mé-
thode de faire l'essaim artificiel par transvasement est ap-
plicable à toutes les formes de ruche.

Après avoir enfumé légèrement les abeilles pour les maîtriser, vous transportez la ruche à quelque distance et à l'ombre,
s'il est possible ; puis, l'ayant renversée sens dessus dessous, vous l'établissez sur un objet quelconque, de manière qu'elle ne puisse vaciller, et que vous l'ayez à votre
portée. Ainsi disposée à ciel ouvert, on la recouvre d'une
ruche vide. On assujettit et on serre les deux ruches l'une
contre l'autre avec de la ficelle ; toutes les ouvertures capables de donner passage aux abeilles sont soigneusement
fermées au moyen d'une serviette que l'on passe en cravate autour des deux ruches, à leur point de réunion. Ces
dispositions prises, et c'est l'affaire de deux minutes, vous
frappez avec vos doigts ou de petites baguettes sur toute
la surface de la ruche pleine, en bas et tout autour, et cela
pendant huit à dix minutes ; les coups seront précipités,
mais modérés, afin de ne pas détacher les gâteaux. C'est
un vrai tambourinage qui inquiète les abeilles, et les engage à chercher un asile dans la ruche du dessus. Elles y
montent, la reine les suit ; un vigoureux bourdonnement
accompagne toujours ce déménagement. D'abord faible et
partiel, il devient bientôt bruyant et général ; c'est l'indice
que les abeilles se dirigent en masse vers la ruche vide ;
quelques minutes encore et l'émigration sera suffisante. Il

y aura presque certitude d'avoir attiré dans la ruche vide la reine et la majeure partie des ouvrières, quand le bourdonnement se fait entendre plus fortement dans celle-ci que dans celle du bas. Dès lors vous séparez vos ruches sans secousse, et vous portez l'essaim sur le rucher à quelque distance de la ruche-mère et vous mettez celle-ci à sa place ordinaire, pour recevoir les abeilles qui reviennent des champs.

Une demi-heure ou une heure après, vous saurez à quoi vous en tenir sur le succès de l'opération. Si la reine se trouve dans l'essaim, les abeilles seront dans un repos absolu; soyez alors fier de votre œuvre, car vous avez réussi. Mais si elle ne s'y trouve pas, il y aura désordre et confusion; les abeilles, comme folles, parcourront en tous sens l'intérieur de la ruche; puis elles sortiront une à une pour ne plus rentrer. Voyez ensuite le contraste que présente la ruche-mère : les travaux continuent, nulle inquiétude au dehors; vous remarquez, au contraire, bon nombre d'abeilles agiter leurs ailes à l'entrée; sans aucun doute, ce sont celles qui viennent de l'essaim et qui témoignent ainsi, à leur manière, toute la joie qu'elles ressentent de retrouver une mère qu'elles croyaient perdue. Pour cette fois, vous avez échoué, car la reine n'étant pas avec l'essaim, toute la peuplade reviendra à la ruche et bientôt la famille, que vous avez tenté de diviser, sera toute réunie dans la ruche-mère. Ne vous découragez pas cependant, vous pouvez faire une seconde tentative le lendemain et les jours suivants, et j'ose dire que vous serez bien malheureux ou bien maladroit, si vous échouez encore. Une personne ayant l'habitude de ce transvasement a rarement besoin de recommencer l'opération.

Nous avons remis provisoirement la ruche-mère à sa

placé ordinaire, et l'essaim à quelque distance sur le rucher; mais quelques heures après, lorsque la tranquillité
absolue de l'essaim nous aura donné la certitude que la
reine s'y trouve, nous le rapporterons à la place de la ruche-mère; nous mettrons celle-ci à la place d'une ruche
lourde et forte en population; et, enfin, cette dernière,
nous la placerons à quelque distance sur le rucher.

Deux fois, j'ai été témoin d'un accident qui est arrivé
immédiatement après le transvasement, c'est que la reine,
quoique dans l'essaim, l'a abandonné pour se jeter dans
une ruche étrangère. Pour prévenir cet accident, on ferait
peut-être bien de tenir l'essaim prisonnier pendant une
heure ou deux pour acclimater la reine dans la nouvelle
ruche.

Gardez-vous bien de faire ces sortes d'essaims par une
grande chaleur; vous vous exposeriez à voir les gâteaux se
détacher et tomber les uns sur les autres. Il y a grande
chaleur quand le thermomètre centigrade marque vingt-
cinq degrés à l'ombre. Si les gâteaux sont bien assujettis
par des baguettes transversales, le degré de chaleur indi-
qué plus haut ne devra pas être un obstacle.

Ne faites encore ces essaims que par une belle journée,
lorsque les abeilles vont à la campagne, depuis neuf heures du matin jusqu'à trois heures du soir; vous serez plus
sûr d'attirer la reine dans la ruche vide.

Avant de commencer le transvasement, vous ferez bien
de mettre à la place de la mère une ruche vide pour retenir et amuser les abeilles restées sur le plateau, ainsi
que celles qui reviendront des champs; vous feriez encore mieux, si vous frottiez avec quelques gouttes de miel,
les parois intérieures de cette ruche; avec cette précaution, vous n'aurez pas à craindre que les abeilles se jettent
en étourdies dans les ruches voisines.

Ces essaims n'emportant aucune provision, il est nécessaire de les nourrir même dès le lendemain, quand le
temps devient mauvais.

125. Autre méthode de transvasement. —
Voici un autre moyen de chasser la reine et les abeilles,
moyen peut-être plus sûr et plus expéditif que celui que je
viens d'indiquer.

Après avoir enfumé la ruche dont on veut tirer l'essaim,
on la transporte à l'ombre, on la renverse à ciel ouvert,
mais de manière qu'elle soit fortement inclinée, et que les
gâteaux, au lieu d'être en travers, viennent tous aboutir
en avant de la personne qui doit opérer. On enveloppe
d'une serviette entièrement déployée la partie la plus re-
levée de la ruche, la serviette enveloppe à peu près les
deux tiers de la circonférence, elle est fixée à droite et à
gauche par quelques épingles enfoncées dans les cordons
de la ruche. Toutes ces dispositions étant terminées, soufflez quelques bouffées de fumée sur les gâteaux, frappez
ensuite légèrement avec vos mains tout autour de la ruche; bientôt les mouches remontent tumultueusement du
fond de leurs gâteaux; c'est le moment de les diriger avec
la fumée vers les bords qui sont recouverts de la serviette.
La fumée pour les abeilles est comme le chien du berger
pour les moutons, elle les pousse en avant. On fait pénétrer la fumée jusqu'au fond des galeries pour en chasser
les retardataires. Presque toute la population sort de la
ruche et vient se grouper sur la serviette en forme d'essaim; quand les choses en sont là, on prend les quatre
coins de la serviette, on l'étend par terre, on pose la ruche destinée à l'essaim dessus, en la soulevant un peu
pour ne pas écraser d'abeilles; on enfume ensuite tout autour pour faire monter l'essaim dans le panier; dès qu'il

est monté, on le pose sur un plateau; deux heures après, si la reine s'y trouve, on mettra la nouvelle ruche à la place de la ruche-mère, celle-ci à la place d'une ruche forte et cette dernière enfin, plus loin sur le rucher.

126. **L'essaim et les ruches permutées.** — Voici l'histoire de la ruche dont on vient de tirer l'essaim artificiel. Elle reçoit le jour même un grand nombre d'abeilles venant de la ruche forte dont elle occupe la place. Ces abeilles arrivent avec la confiance de gens qui croient rentrer chez eux; mais bientôt elles montrent de l'hésitation, quelques-unes ressortent de la ruche, s'envolent et reviennent. Cette hésitation, mêlée d'inquiétude, dure pendant toute la journée; du reste, on ne voit aucun combat; le lendemain, l'entente est aussi cordiale, aussi intime que possible. Les abeilles, quelques heures après la séparation de l'esssaim, se mettent à l'œuvre pour réparer la perte de leur reine. Elles en élèvent au moins trois ou quatre. Quand la ruche est médiocrément peuplée, la première reine sort de sa cellule onze jours douze heures environ après la séparation, et détruit presque immédiatement ses rivales. Avec un peu d'attention, on verra leurs cadavres tombés en avant de la ruche. Quand au contraire la population est forte, les jeunes reines sont retenues prisonnières dans leurs alvéoles, de la même manière que pour les essaims secondaires. Dans ce cas, elles font entendre leur chant le treizième jour après la séparation (1), et le quatorzième mais plus souvent le

(1) J'ai entendu des reines chanter avant le treizième jour, mais c'étaient des reines qui, au moment de l'essaimage forcé, étaient au berceau, et non des reines provenant de larves d'ouvrières.

quinzième jour, il sort de la ruche un essaim tout aussi
capricieux qu'un essaim secondaire, sortant et rentrant
peut-être plusieurs fois avant de se fixer définitivement.
Un tel essaim est un accident fâcheux, il faut le rendre à
la mère le lendemain matin. Mais au lieu d'attendre sa
sortie, on fait mieux de la prévenir en faisant l'essaim selon les prescriptions de l'article 108, deuxième alinéa.
Comme dans le cas présent, toutes les reines sont arrivées
à terme (ce qui n'existe pas pour le cas de l'article 108),
on peut enlever une cellule royale, l'ouvrir et donner la
reine à l'essaim. De cette façon, on est sûr que les abeilles
du transvasement ont au moins une reine. C'est le quinzième jour seulement qu'on fait l'essaim, attendu qu'il
choisit rarement le quatorzième pour son départ volontaire.

Si le chant des reines ne se fait pas entendre, treize jours
pleins, après que l'essaim aura été formé, il n'y a plus à
craindre que la ruche essaime. Pour plus de détails, voyez
l'article 37.

Il nous reste maintenant à voir ce qui se passe dans le
panier qui a cédé sa place à la ruche-mère de l'essaim artificiel. Dans les premiers jours, il se dépeuple étonnamment, les ouvrières retournent à leur ancienne place, et
entrent, sans beaucoup de difficulté, dans la ruche orpheline. Pendant cinq ou six jours vous ne voyez plus rentrer
personne, cependant le peu d'abeilles qui reste ne perd
pas courage. On prend en famille le parti violent, mais
décisif, de se débarrasser des bouches inutiles, en tuant
les faux-bourdons. Quelquefois on est moins sévère, on
les laisse vivre. La ruche paraît tellement dépourvue de
population, qu'on pourrait regretter de l'avoir déplacée ;

heureusement, elle ne tarde pas à se ranimer et à travailler avec une ardeur sans égale à réparer ses pertes, et un mois après, on la trouve presque aussi peuplée que les meilleures ruches. On ne le croirait pas si l'expérience ne l'attestait d'une manière décisive.

Si la population s'accroît si merveilleusement, le poids de la ruche n'augmente pas sensiblement, si ce n'est dans une année où la bonne saison se prolonge; aussi ne choisissez pour cette opération que des ruches très-peuplées et grandement munies de provisions d'hiver.

127. Couvain nouveau dans la souche de l'essaim. — La souche d'un essaim forcé n'aura de couvain operculé que trente jours après son essaimage, et pour cela il faut que la reine n'éprouve pas un seul jour de retard pour sa fécondation. Si des pluies ou des froids prolongés ne lui permettent pas de sortir au moment où elle peut être fécondée, la ponte sera retardée d'autant, et le couvain operculé ne sera visible qu'entre le trentième et le quarantième jour. En visitant les souches d'essaims forcés quarante-cinq jours après leur essaimage, on devra donc y trouver du couvain d'ouvrières, œufs, larves, nymphes, ou elles n'en auront jamais. Il faut démolir ou réunir à d'autres ruches celles qui n'en auront point ou qui n'auront que du couvain de bourdons.

Nous avons vu, article 114, qu'on peut estimer à un cinquième le nombre des ruches qui deviennent orphelines par suite d'un second essaimage naturel. La même proportion existe pour les souches d'essaims forcés. Telle année on verra beaucoup de ces souches devenir orphelines, telle autre année on en verra peu, ce n'est pas que les reines leur fassent défaut, car elles en élèvent toujours au moins trois ou quatre. Ainsi en 1858, deux souches d'essaims forcés sont devenues orphelines, quoique douze jours après leur essaimage j'eusse compté quatre reines mortes devant chacune de ces ruches.

128. Essaim forcé par division. — *1re méthode.* — La première méthode de faire un essaim forcé par division ne peut être pratiquée que sur des ruches à hausses. Une très-forte population, une ruche composée de quatre hausses pleines, et pesant brut de vingt à vingt-deux kilogrammes, voilà ce qu'il faut pour tenter de faire un essaim artificiel selon la deuxième méthode. Ce serait témérité que d'agir en dehors de ces conditions, on s'exposerait à perdre les ruches-mères et les essaims.

L'essaim se fera entre cinq et sept heures du soir, voici comment : on enlève d'abord, avec la pointe d'un couteau, tout le pourget qui se trouve entre la hausse supérieure et celle qui la suit ; on arrache les pointes ou les chevilles qui pourraient relier ces deux hausses entr'elles, afin que le fil de fer dont on va se servir n'éprouve d'autres obstacles que ceux qui pourraient provenir des gâteaux. L'ouverture du couvercle est ensuite débouchée. On lance par cette ouverture de bonnes bouffées de fumée, autant pour forcer les abeilles à descendre dans les hausses inférieures, que pour prévenir leur fureur qui deviendrait extrême si on négligeait cette précaution ; à l'instant même on passe un fil de fer entre la hausse supérieure et la suivante. Deux personnes ne sont pas de trop pour cette opération : l'une tiendra la ruche tandis que l'autre tirera le fil de fer, lequel, autant que possible, sera dirigé de façon qu'il agisse en même temps sur tous les gâteaux, c'est-à-dire qu'il ne faut pas les attaquer de flanc. On peut voir, par l'ouverture du couvercle, dans quelle direction ils sont placés. Dès que les gâteaux sont coupés, une des personnes soulève la hausse supérieure pendant que l'autre place une hausse vide dessous; on calfeutre toutes les ouvertures qui pourraient donner passage aux abeilles. On laisse la ruche en cet état pour la nuit, afin de donner aux abeilles le temps de remonter, de sucer le miel et de réparer les brèches faites à leurs édifices.

Le lendemain, de six à sept heures du soir, on souffle d'abord un peu de fumée par l'entrée; puis on s'arrête pour donner aux mouches le temps de se mettre en mouvement; on recommence à souffler, et on s'arrête encore quelques instants; c'est l'affaire de huit à dix minutes pour les faire monter dans la hausse vide, si déjà elles n'y sont montées. On enlève alors les deux hausses supérieures, que l'on place sur un plateau à quelque distance de la souche. Cette nouvelle ruche, composée de deux hausses et où la reine se trouve très-probablement, nous l'appellerons l'*essaim*. Sans perdre de temps, on recouvre les trois hausses inférieures d'un couvercle dont il faut à l'instant même calfeutrer le pourtour. Ces trois hausses, qui sont restées en place, nous les nommerons souche. Tout est terminé pour le moment. La question est de savoir si on a réussi; on le saura une heure après. Examinez l'essaim; si les abeilles paraissent dans un repos parfait, c'est que la reine s'y trouve; l'essaim a réussi. On le portera à la place de la souche (1); celle-ci, à la place d'une ruche lourde et forte, et cette dernière, à quelque distance sur le rucher. Dans aucun cas, il ne faut séparer la sou-

(1) L'essaim peut rester à sa place pour la nuit et ne remplacer la souche que le lendemain dans le milieu du jour.

che de son plateau; les gâteaux n'étant plus attachés au plafond, le moindre dérangement, le moindre choc, les ferait incliner ou tomber.

Nous venons de dire qu'on a réussi si les abeilles de l'essaim sont calmes; mais quand elles sont visiblement inquiètes, et qu'elles quittent la nouvelle ruche par groupes continus de trois ou quatre, il est certain qu'on a échoué; la reine est restée dans la souche. Dans ce cas, sans différer un instant, on enlèvera le couvercle de la souche et sur celle-ci on replacera l'essaim manqué. Le jour suivant, on recommencera l'opération.

129. L'essaim et les ruches permutées. —

Avec la première méthode *par division* dont nous venons de parler, on partage à peu près les provisions en deux parties égales. L'année serait bien mauvaise, si l'essaim et la souche ne les complétaient pas. Dans une année passable, l'essaim aura besoin d'une hausse ou d'une calotte qu'on lui donnera huit ou quinze jours après. Si l'année est favorable et qu'on veuille en profiter pour augmenter le nombre de ses ruches, on pourra procéder à la formation de nouveaux essaims sur les colonies de second ordre. Dans ce cas, on mettra les souches à la place des premiers essaims et de leurs souches pour en recevoir la population. Voyez l'article 139.

130. Essaim artificiel par division. —

2e méthode. — La seconde manière de faire des essaims artificiels par division ne peut convenir qu'à des ruches composées de deux hausses seulement; il faudra donc, à l'automne ou en mars, réduire à deux hausses les ruches qui en auraient trois, et que l'on destinerait à donner des essaims artificiels selon la seconde méthode.

Un essaim selon cette méthode exige les dispositions préparatoires qu'on emploie pour rajeunir les vieilles ruches (77), je vais les répéter en peu de mots. Dans les premiers jours de mai, on place sur la ruche un chapeau, et par le couvercle de celui-ci, on fait passer un petit bâton qui est fixé et maintenu au milieu des deux couvercles de la ruche et du chapeau. Au lieu du petit bâton, on ferait mieux de mettre un petit gâteau d'une largeur de sept à huit centimètres, et d'une longueur suffisante pour descendre sur le couvercle de la ruche. Ce petit gâteau, pour être bien affermi à sa base et à son sommet, devra être serré verticalement entre deux petites baguettes, comme entre des tenailles. Les abeilles viennent se fixer sur le gâteau et en construisent d'autres parallèlement, à droite et à gauche. Dès que le chapeau est plein, on met une hausse dessous, et par ce fait, il devient ruche; les abeilles du bas et du haut se trouvent alors séparées; mais leur premier soin est de rétablir les communications, ce qui a ordinairement lieu la nuit suivante. Elles s'occupent à prolonger dans la hausse les gâteaux de leurs édifices, la reine y dépose ses œufs au fur et à mesure de la construction des cellules; elle choisit de préférence les gâteaux du centre, les autres servent à emmagasiner le miel. Ces gâteaux du centre sont construits plus vite que les autres. Dès que la nouvelle ruche est, aux quatre cinquièmes, remplie de gâteaux, il est presque sûr qu'elle renferme des vers de tout âge et qu'avec ces vers, les abeilles pourront au besoin se créer une reine. C'est le moment le plus favorable pour faire l'essaim. On y procèdera entre sept et huit heures du soir, la manière est bien simple.

Après avoir soulevé et enfumé légèrement la nouvelle ruche, on la porte provisoirement sur un plateau à quelque distance. Quant à l'ancienne ruche, on n'y touche pas pour le moment; on se contente d'enfumer les abeilles qui sont sur son couvercle dont on bouche ensuite l'ouverture; la reine se trouve quelquefois dans la nouvelle ruche, mais plus souvent dans l'ancienne. Le lendemain, s'il est bien constaté que l'ancienne ruche a gardé sa reine, cette ruche conservera sa place; la nouvelle ira remplacer une ruche forte, et celle-ci sera portée plus loin. Si au contraire la reine se trouve dans la nouvelle ruche, celle-ci sera portée à la place de l'ancienne, laquelle à son tour remplacera une ruche forte.

Il nous reste à savoir maintenant où est la reine. Avec un peu d'attention, on le saura une heure ou deux après la séparation. Voyons d'abord l'ancienne ruche : elle ne paraît nullement affectée du changement qui vient d'avoir lieu; c'est le même bruissement à l'entrée; c'est la même tranquillité qu'auparavant; le lendemain matin, même calme, même indifférence pour tout ce qui s'est passé la veille : sans aucun doute, la reine est là. Allons à la nouvelle ruche : les abeilles sont inquiètes; les unes se croisent en tous sens, elles paraissent à la recherche d'une chose égarée; d'autres pêle-mêle sont en bruissement, c'est leur cri de détresse; on entend dans l'intérieur un bourdonnement singulier. Ces signes sont très-apparents pour quelques ruches, ils le sont moins pour d'autres, quelquefois même ils sont presque insensibles. Ce trouble, ce désordre, quand ils sont modérés, indiquent que les ouvrières ont des vers qu'elles peuvent élever à la dignité royale, et l'on doit être tranquille. Le lendemain matin, tout sera rentré dans l'ordre; mais lorsque l'agitation s'accroît et dure plus de douze heures, c'est une preuve que les abeilles sont dans l'impossibilité de remplacer leur

reine, et, dans ce cas, le tumulte est excessif. Il n'y a
qu'un moyen de calmer les mouches, c'est de remettre les
ruches l'une sur l'autre comme avant l'opération, car l'essaim est impossible.

J'ai été témoin de cette agitation des abeilles : la nuit,
elles n'osent s'aventurer au dehors; mais, de jour, elles
vont chercher leur reine en voltigeant tout autour du rucher; puis elles reviennent, puis elles ressortent avec une
vivacité extrême. Cette agitation dure toute la journée.
Voilà ce qui se passe lorsque la ruche est restée à sa place,
mais quand elle a été changée, les abeilles sortent pour ne
plus rentrer, elles reviennent à leur ancienne place dans la
ruche qui a conservé la reine.

131. Essaim artificiel par division. — *3e méthode.* — La troisième manière de faire un essaim par division, je l'appellerai *mixte*, parce qu'elle convient autant
aux ruches à hausses qu'aux ruches communes, lorsqu'on
voudra remplacer peu à peu celles-ci par les ruches à
hausses.

Dans les premiers jours de mai, on place un chapeau (191)
contenant des gâteaux à petites cellules sous les ruches les
plus fortes; on bouche exactement toutes les issues, de
manière que les abeilles ne puissent entrer et sortir que
par le chapeau; au bout de sept à huit jours on met une
hausse sous le chapeau; et deux jours après, on peut procéder à la formation de l'essaim. Le moment le plus
convenable, c'est entre sept et huit heures du soir; on
soulève et on enfume modérément l'ancienne ruche; puis
on la porte sur un plateau à quelque distance; par cette
seule opération, tout est fait pour le moment. La reine
sera presque toujours dans l'ancienne ruche; et dans la
nouvelle ruche, qui est restée en place, il y aura presque

toujours des vers propres à être transformés en reines. Si le lendemain, la reine est dans l'ancienne ruche, et que les abeilles de la nouvelle soient calmes, tout est bien; les deux ruches resteront comme elles sont placées. S'il est bien constaté, au contraire, que la nouvelle ruche a gardé la reine, il faut encore la laisser à sa place, mais on met l'ancienne à la place d'une ruche lourde et forte, pour en recevoir la population; quant à cette dernière, on la porte à quelque distance sur le rucher. Enfin, si la nouvelle ruche n'avait ni la reine ni de jeunes vers, l'essaim serait impossible; il n'y aurait autre chose à faire que de remettre les deux ruches l'une sur l'autre. On ne doit faire cette sorte d'essaim que sur des ruches qui ont leurs provisions d'hiver.

Si le chapeau, au lieu de contenir des gâteaux, était vide, il empêcherait rarement d'essaimer; souvent les abeilles se borneraient à y construire deux ou trois gâteaux à cellules de bourdons, et ensuite l'essaim sortirait sans qu'aucun symptôme nous permît de le prévoir.

Mais, direz-vous, par quel moyen peut-on se procurer des chapeaux contenant des gâteaux? Le voici. En mars, après avoir renversé les ruches dont vous voulez supprimer la hausse inférieure, au lieu de couper les gâteaux avec un couteau, passez un fil de fer entre la hausse inférieure et celle au-dessus, voilà que vous avez une hausse pleine; mettez ensuite et fixez avec des pointes un couvercle par-dessus; de cette manière, vous avez un chapeau tel que je vous le demande.

132. Perfectionnement aux essaims forcés. — J'ai été longtemps contrarié dans la pratique des essaims artificiels. Souvent les ruches d'où je les avais tirés essaimaient quatorze ou quinze jours après et sou-

7

vent aussi, par suite de cet essaimage, elles devenaient orphelines. Après bien des essais inutiles, j'ai réussi enfin à
empêcher ces ruches de donner un nouvel essaim. Voici
le moyen que j'ai trouvé.

Plusieurs fois, j'avais introduit de jeunes reines dans
des ruches qui venaient de me fournir un essaim artificiel,
et presque toujours je les avais trouvées mortes le lendemain ou les jours suivants. Espérant que les abeilles ac-
cueilleraient mieux une reine qu'elles auraient elles-mêmes couvée, je coupai, dans une ruche qui avait essaimé
naturellement, un gâteau ayant à la fois une cellule royale
fermée et du couvain d'ouvrières ; je le plaçai sous un
grand verre à bière, et dans la crainte que la reine ne m'é-
chappât, je mis le verre sur une pièce de toile métallique par où les ouvrières pussent seules passer. Je le
plaçai sur une ruche d'où j'avais tiré un essaim artificiel
douze heures auparavant. Aussitôt les abeilles entrèrent
dans le verre par les trous nombreux de la plaque et cou-
vrirent entièrement le couvain d'ouvrières et la cellule
royale. Deux jours après, la reine sortit de sa cellule, je la
laissai sous le verre douze heures environ ; je lui donnai
ensuite la liberté d'entrer dans la ruche. Le lendemain, ne
la trouvant pas morte, je pus croire qu'elle n'avait pas été
mal accueillie. Je renouvelai cette expérience avec le même
succès sur trois autres ruches. Quelques jours après, en
visitant ces ruches, je vis à la vérité qu'elles avaient commencé des cellules royales, mais qu'elles les avaient abandonnées, et j'acquis ainsi la certitude que les jeunes reines
avaient réussi à faire reconnaître leur autorité.

Les ouvrières m'ont toujours paru avoir plus d'affection
pour le couvain de leur espèce, que pour les reines au berceau ; on sera donc plus sûr que celles-ci seront couvées,

si le gâteau contient aussi du couvain d'abeilles ouvrières. Je pense bien qu'en attachant dans l'intérieur de la ruche le gâteau contenant la cellule royale, le résultat serait le même; mais le plaisir de voir éclore la reine et les ouvrières fait que je continue à appliquer ma méthode. Pour que la lumière ne contrarie pas les ouvrières dans leur travail intime, on fera bien d'envelopper le verre avec une étoffe de couleur noire.

133. Moyens de se procurer des reines. — Dans les ruches fortes qui essaiment les premières, surtout si ce sont des essaims de l'année précédente, il y a un nombre plus ou moins grand de jeunes reines au berceau; les unes sont à l'état de larves, les autres à l'état de chrysalides; toutes ne sont pas visibles à l'œil, mais on peut toujours en apercevoir quelques-unes et les enlever aisément. Pour les ruches à calotte, plusieurs de ces reines se trouvent dans la calotte; il en est de même des ruches à hausse; quand ces dernières ont un chapeau par-dessus, on trouve dans ce chapeau trois ou quatre cellules royales toutes groupées au-dessus de l'ouverture du couvercle de la ruche.

Pour se procurer des reines, voici un deuxième moyen qui me semble préférable au précédent, parce qu'on peut, pour ainsi dire, les avoir à jour fixe. Vous placez une hausse sous une très-forte ruche; huit ou dix jours après vous faites avec cette ruche un essaim artificiel par transvasement (124). Dans les nouveaux gâteaux de la hausse, il y a des œufs et des vers d'ouvrières; c'est là que vous trouverez la majeure partie des reines que les abeilles auront élevées. Il sera facile de les reconnaître et de les enlever. Il vous faut, par exemple, des reines pour le 30 mai; la hausse se place le 10; l'essaim se fait le 20, et on s'empare le 30 des cellules qui, toutes, renferment des reines prêtes à éclore.

Troisième moyen. Si par hasard vous avez des chapeaux contenant des gâteaux à petites cellules, placez-les sous deux ruches fortes. Lorsque les gâteaux contiennent du miel, l'affaire n'en va que mieux; retirez les chapeaux huit ou dix jours après; il devra y avoir des œufs et des vers, du reste, il est aisé de le vérifier; réunissez-les l'un sur l'autre, et mettez-les à la place de l'une des deux ruches. Les abeilles de la ruche déplacée reviendront augmenter la population des chapeaux; elles construiront bon nombre de cellules royales, et les gâteaux n'ayant que la hauteur des chapeaux, c'est-à-dire dix centimètres environ, si vous les visitez avec attention, aucune reine ne vous échappera. Quand vous aurez enlevé ces dernières, moins une ou deux, placez une hausse entre les deux chapeaux; cette hausse, réunie au chapeau supérieur, formera une nouvelle ruche que vous abandonnerez à la garde de Dieu; elle réussira aussi bien qu'un essaim si la saison est bonne. A l'automne, vous aurez soin d'enlever le chapeau inférieur.

134. Ruche pouvant donner un essaim. — Beaucoup de miel et une très-forte population, voilà les deux conditions que doit réunir une ruche pour être en état de fournir un essaim artificiel. Ces deux conditions ne peuvent se rencontrer que dans une ruche d'une grande capacité, c'est-à-dire jaugeant de vingt-cinq à trente litres. Mais il est facile de se faire illusion sur la quantité de miel que renferme une ruche très-peuplée. Le poids du couvain et des abeilles, à l'époque de l'essaimage, est beaucoup plus considérable qu'à la fin de l'hiver et à l'automne; pour prévenir toute erreur, nous allons décomposer le poids d'une ruche très-forte et pesant brut 15 kilogrammes.

Ruche vide qu'on suppose du poids de.... 3ᵏ 500ᵍ
Gâteaux et pollen........................ 1 500
Couvain, environ........................ 1 000
Abeilles et bourdons 2 500

Total de tout ce qui n'est pas miel... 8ᵏ 500ᵍ

Retranchant ces 8 kilogrammes 500 grammes des 15 du poids brut, on trouve qu'une ruche, pesant brut 15 kilogrammes et réunissant une forte population à un nombreux couvain, n'aurait en magasin que 6 kilogrammes 500 grammes de miel, tandis qu'avec le même poids, à l'automne, elle en aurait 8 kilogrammes au moins. Une telle ruche peut fournir un essaim artificiel par transvasement, parce que, conservant toutes les provisions, elle doit encore les augmenter avec le travail de la population de la ruche forte dont elle doit occuper la place. Mais si les essaims se font par séparation, selon la première et la seconde méthode, comme le miel est à peu près partagé entre la mère et l'essaim, il faudra 10 kilogrammes de miel afin que l'un et l'autre en aient chacun 5 kilogrammes environ. Mais, direz-vous, 10 kilogrammes de miel dans une ruche, c'est énorme; à ce compte, on pourra rarement faire des essaims artificiels selon ces deux méthodes. Oui, j'en conviens, mais si vous avez eu soin de laisser, l'année précédente, des excédants de provisions, la chose ne sera plus si rare que vous le pensez, et vous vous applaudirez de votre prévoyance, quand vous voudrez vous donner le plaisir de faire des essaims artificiels.

En parcourant ce tableau, quelques personnes trouveront insuffisant le poids de la population, que je porte à 2

kilogrammes 500 grammes. Ces personnes auront vu quelque part qu'un bon essaim pèse déjà à lui seul de 3 à 4
kilogrammes; elles me diront : Mais, si un bon essaim a
réellement ce poids, évidemment la ruche qui l'a produit
dépasse de beaucoup votre estimation. Voici ma réponse.
Un essaim de 3 à 4 kilogrammes n'est, et ne peut [être
qu'une réunion de deux essaims qui, s'étant mêlés au moment du jet, n'ont plus formé qu'un seul groupe. Un essaim naturel de 2 kilogrammes 500 grammes est même
rare, et cependant un tel essaim n'épuiserait pas totalement une ruche d'une population égale en poids, parce
que les abeilles d'un essaim, sortant approvisionnées, sont
plus lourdes que celles d'une ruche ordinaire. Voir l'article 94.

Pendant la saison des essaims, il y a dans les ruches
très-fortes une prodigieuse quantité de couvain, je ne
crois pas en exagérer le poids, en le portant à 1 kilogramme.

Quelques auteurs conseillent de vérifier, avant de faire
l'essaim forcé, si la ruche renferme des reines au berceau,
ou des larves d'ouvrières de moins de trois jours. C'est
une précaution inutile. A l'époque de l'essaimage, les ruches fortes, à défaut de reines au berceau, ont toujours
des larves d'ouvrières de tout âge. Pendant la grande
ponte des œufs de mâles, jamais celle des ouvrières n'est
interrompue, elle est même bien supérieure à celle des
mâles. Je m'en rapporte sur ce point aux apiculteurs qui
voudront visiter, en avril et mai, l'intérieur des colonies.

**135. Difficulté pratique des essaims for-
cés.** — Une grande difficulté se présente souvent dans la
pratique des essaims artificiels; c'est que les essaims naturels sortent quelquefois avant que les ruches réunissent
les conditions pour les essaims artificiels. Quand la sai-

son des fleurs est entremêlée de pluies chaudes et de beau temps, les abeilles se multiplient étonnamment; elles essaiment sans vous, et peut-être malgré vous. Telle ruche, ayant à peine quelques kilogrammes de miel, s'avisera néanmoins de donner un essaim, soit parce que la population est trop resserrée, soit peut-être aussi, parce que la reine ne rencontre plus de cellules vides où elle puisse déposer ses œufs. Il faut alors donner des hausses à temps et suivre les règles prescrites dans l'article 79. On réussira pour un grand nombre de ruches à retarder l'essaimage, et pendant ce temps-là, les provisions s'augmenteront et rendront possibles les essaims artificiels.

136. **Terme fixé aux essaims forcés.** — On doit renoncer tout-à-fait aux essaims artificiels dès qu'on voit arriver la fin de l'essaimage naturel. Ainsi le ralentissement du travail des abeilles, un commencement de guerre contre les bourdons, voilà des avertissements qu'il ne faut pas négliger ou méconnaître. Ce serait folie que de passer outre malgré ces avis donnés par les abeilles elles-mêmes. Cependant, si vous aviez des ruches très-peuplées qui eussent deux fois leurs provisions d'hiver, vous pourriez à la rigueur en tirer des essaims artificiels. Vous partageriez alors le miel par portions égales entre la ruche-mère et l'essaim. Ces essaims n'auraient lieu toutefois qu'à la condition qu'il resterait encore des bourdons dans la ruche-mère.

137. **Les essaims forcés sont-ils avantageux?** — Si vous en croyez quelques apiculteurs, c'est la poule aux œufs d'or que des essaims artificiels. A des entendre, c'est un moyen de tripler, de décupler en peu d'années le produit des abeilles.

Malheureusement, les faits ne répondent pas à leur

langage. L'expérience prouve bientôt que si on réussit
quelquefois, souvent on échoue; et si on n'y met de la
prudence, il y a plus à perdre qu'à gagner. D'autres
condamnent d'une manière absolue ces essaims, parce
que, disent-ils, on ne doit pas contrarier l'instinct des
abeilles. Observons en cela, comme on doit le faire en
tout, une juste mesure : des essaims faits dans les circonstances et dans les conditions requises réussiront le
plus ordinairement; mais ces circonstances et ces conditions ne se représenteront tout au plus qu'une année sur
deux.

Réservez donc ce moyen un peu hasardeux, pour des
cas de nécessité ou de convenance exceptionnelle. Par
exemple, votre rucher ne contient que peu de ruches, vous
ne voulez pas vous astreindre à faire la garde pour les
rares essaims qui peuvent en sortir; dans ce cas, disposez vos ruches pour en tirer des essaims artificiels, rien de
mieux. Ou bien, vous avez un grand rucher, mais il n'est
pas à votre portée, ou, quoique à votre portée, les essaims
vont se poser dans le jardin de votre voisin, rien de mieux
encore, dans ce cas-là, que des essaims artificiels.
Quelques-unes de vos ruches sont vieilles, très-peuplées,
très-lourdes; tous les jours elles mettent votre patience à
l'épreuve, en vous refusant l'essaim qui vous réjouirait
tant le cœur; usez alors des droits que Dieu vous a donnés
sur la nature, tirez-en un essaim artificiel.

Enfin il y a des années où les essaims forcés deviennent
une ressource précieuse pour l'apiculteur. Quand la saison des essaims est chaude et sans pluie, l'essaimage ne
dure que de dix à quinze jours, et il n'y a guère que les
petites ruches qui essaiment. On aura peut-être beaucoup
de miel; mais le rucher n'augmentera pas, et c'est tou-

jours fâcheux de ne point avoir d'essaims lorsqu'ils auraient
pu amasser leurs provisions. En pareille circonstance,
faites des essaims artificiels avec les ruches lourdes et
bien peuplées. Hors ces cas, usez de prudence et de réserve.

Je connais tous les inconvénients des essaims naturels;
je sais qu'on en perd, soit par la négligence des personnes
qui surveillent leur sortie, soit par le fait même des abeilles qui prennent la fuite; je sais encore que bon nombre
de ruches-mères deviennent orphelines et périssent par
suite d'un second essaimage; mais je sais aussi qu'on ne
réussit pas toujours avec les essaims artificiels, et que,
tout compte fait, les avantages et les inconvénients se ba-
lancent de part et d'autre.

138. Point capital pour les essaims forcés.
Je connais des apiculteurs propriétaires de nombreux ruchers qui ont une grande habitude des essaims forcés.
Leur méthode est aussi simple que rationnelle; ils laissent
la souche à sa place, et, après s'être assurés que la reine
se trouve dans l'essaim, ils transportent celui-ci à une distance de deux kilomètres au moins. Il y a séparation aussi
complète que dans l'essaimage naturel; les abeilles de
l'essaim ne reviennent plus à la souche, et celle-ci n'est
pas longtemps à se refaire: les abeilles qui étaient à la
campagne au moment de l'opération, le nombreux couvain qui éclôt tous les jours, la mettent bientôt en état de
compléter ses provisions d'hiver.

Mais en dehors de cette méthode irréprochable, surtout pour les contrées favorables aux abeilles, il n'y a plus
que mécompte et déception si l'on ne suit pas les conseils
donnés dans cet ouvrage. Le point capital, c'est de mettre

l'essaim à la place de la souche et celle-ci à la place d'une ruche lourde et forte pour en recevoir la population.

Voyons comme les choses se passent en agissant autrement. Si, en laissant la souche à sa place, vous éloignez l'essaim, même à cent mètres, les trois quarts des abeilles de l'essaim seront, trois jours après, retournées à la souche; si, faisant la contre partie, vous mettez l'essaim à la place de la souche et celle-ci à quelque distance, les abeilles de cette dernière vont rejoindre l'essaim et quelquefois en tel nombre que le couvain périra faute de chaleur ou de soins. Cet accident est rare à la vérité, mais il arrive trop souvent que la souche ne refait pas sa population et ne complète pas son approvisionnement. N'oublions pas qu'elle a donné sa reine à l'essaim, que la nouvelle reine ne sera en état de pondre que de 20 à 25 jours après l'essaimage forcé.

139. **Faire les essaims forcés en deux temps.** — Un apiculteur prudent fait les essaims forcés en deux temps : il opère d'abord sur les ruches les plus fortes; huit ou quinze jours après, si la bonne saison continue, il opère sur les ruches de second ordre; et de la sorte il se livre le moins possible au hasard de la température.

Précisons notre conseil par un exemple. Le 20 mai nous faisons des essaims par transvasement. Le 1er juin suivant, tout va bien, les essaims ont peut-être déjà la moitié de leurs provisions, celles des souches sont plus que suffisantes. Eh bien! tirons de nouveaux essaims des ruches de second ordre, et mettons ensuite ces ruches de second ordre à la place des souches du 20 mai pour en recevoir la population.

Si nous opérons sur des ruches à hausses et selon la

première et la seconde méthode *par division*, nous attendrons que les souches et les essaims aient largement leurs provisions d'hiver. Quand nous en serons là, nous tirerons de nouveaux essaims dés ruches de second ordre, et nous pourrons, sans courir de grands risques, mettre les dernières souches à la place des souches et des essaims primitifs, et ceux-ci à des places vacantes sur le rucher.

140. Saison où le miel devient rare. — Dans nos contrées, les abeilles ne récoltent plus à partir du 10 au 20 juillet; quelquefois le travail cesse dans les derniers jours de juin; d'autres fois il continue jusqu'au 15 août. Avec un peu d'attention, on pourra remarquer le jour où les fleurs commencent à faire défaut. Ne sachant à qui s'en prendre, les ouvrières font retomber leur mauvaise humeur sur les bourdons, et dans leur sage prévoyance, elles se débarrassent des bouches inutiles. Hier, les bourdons étaient de grands seigneurs, jouissant d'une haute considération; aujourd'hui, ce ne sont plus que des parias, indignes de tout intérêt. Jusqu'alors, heureux possesseurs de colonies florissantes, ils n'avaient connu de la vie que le confortable : opulente oisiveté, promenades sous un beau soleil, table toujours bien servie; maintenant, victimes de l'insurrection, ils sont traqués et poursuivis comme des bêtes fauves, ils sont ignominieusement condamnés à mourir de faim loin de leur patrie. Les enfants de la race proscrite ne sont point épargnés. Les ouvrières vont tirer de leurs berceaux les jeunes bourdons pour les jeter à la voirie, et les larves de ces malheureux, les œufs même sont sacrifiés sans miséricorde.

C'est à peu près dans le moment du massacre ou de l'exil des bourdons que disparaissent aussi une multitude d'abeilles grises, aux ailes échancrées. Ce sont des vétérans mutilés qui, n'ayant pas notre Hôtel des Invalides, vont choisir leur dernier asile dans le champ si souvent illustré par leurs travaux (7).

L'expulsion des bourdons est un signe certain que les abeilles ne trouvent plus ou presque plus de miel à la campagne.

Un autre indice certain de la pénurie du miel, c'est quand le travail ordinaire se ralentit considérablement et que les abeilles, malgré le beau temps, ne font plus que sortir et rentrer pour ainsi dire une à une. Elles semblent avoir perdu toute leur activité ; seulement chaque ruche a son moment d'ébats et de récréation entre midi et quatre heures ; mais tout se borne à un mouvement passager d'abeilles qui veulent respirer plus librement au grand air.

141. Moment de récolter le miel. — On doit prendre le miel aussitôt que l'attaque générale est faite contre les bourdons, et sans attendre leur déroute complète. Il y aurait de grands inconvénients à négliger ce moment. En effet, quand les abeilles commencent à ne plus rien trouver à la campagne, elles se tiennent dans leurs ruches et il est extrêmement difficile de leur faire abandonner leurs gâteaux. Elles sont hargneuses, intraitables, mais ce n'est encore là que le moindre inconvénient. Une demi-heure après l'opération commencée, des masses d'abeilles attirées par l'odeur viennent s'abattre sur le miel et sur les ruches dans lesquelles vous travaillez. Lorsque vous avez fini et que votre miel est transporté à la maison, vous croyez peut-être que tout est bien ; non. Ces abeilles dont vous avez excité la convoitise, ne trouvant plus au dehors de quoi la satisfaire, se jettent avec fureur et de préférence sur les ruches que vous venez de récolter, ainsi que sur celles qui ont perdu leur reine, par suite de l'essaimage. Les habitants de ces dernières résistent rarement à cette impétueuse agression; et les pillardes, quand elles ne réussissent pas à forcer le passage, périssent misérablement sous les coups de leurs adversaires.

À ceux qui ont laissé passer le moment convenable, je conseille de ne prendre le miel qu'à deux ou trois ruches à la fois, et sur le soir. Les jours suivants, ils pourront passer à d'autres; mais aussitôt qu'ils verront les abeilles s'abattre en grand nombre sur le miel, ils devront cesser et remettre leur travail à un autre jour.

Un motif qui doit encore déterminer à récolter les ruches à l'époque indiquée ci-dessus, c'est que le miel est d'autant plus blanc qu'il a moins séjourné dans la ruche. Qu'on essaie d'en prendre moitié en juillet et moitié en septembre, on verra une grande différence de l'un à l'autre pour la blancheur et le goût. D'un autre côté, le miel en juillet étant plus chaud et plus liquide, il se séparera plus facilement du marc; et le pressoir ou la chaleur du four n'aura plus à faire couler qu'une faible quantité de miel de second choix.

Ce conseil de récolter avant l'entière destruction des bourdons s'adresse particulièrement aux propriétaires des ruches communes. On peut attendre et choisir son temps pour les ruches à calotte et à hausses; le pillage n'est point à craindre avec ces dernières pour peu qu'on opère avec soin.

142. Miel nécessaire pour la saison morte. —Il est important de connaître la quantité de miel qu'il faut laisser aux abeilles pour les provisions d'hiver. Combien de ruches périssent victimes de l'ignorance et de l'avidité des *preneurs de miel !* Oui, des ruches auxquelles on avait dérobé du miel en juillet, je les ai vues périr de faim dans le mois de février suivant. On ne saurait trop le répéter, la trop grande multiplication des essaims et la cupidité des propriétaires sont pour nos ruchers deux causes fréquentes de ruine.

Il arrive assez souvent que les ruches perdent de 1,500 à 2,000 grammes de leur poids depuis la mi-juillet jusqu'aux premiers jours de septembre. L'absence des bourdons, une diminution notable de la population et du couvain contribuent à cette réduction de poids ; car dans le mois de septembre il n'y a plus de bourdons, il reste peu de couvain et le nombre des ouvrières se trouve réduit d'un tiers. On doit s'estimer heureux quand on retrouve en septembre le même poids qu'en juillet, parce que cela prouve que les abeilles ont remplacé en miel ce qu'elles avaient en couvain et en population. D'après ces données et pour ne pas s'exposer à des mécomptes, il faut, en prenant du miel au mois de juillet, laisser aux ruches de 1,500 à 2,000 grammes de plus que si on le prenait en septembre.

Maintenant il nous reste à savoir quelle est la consommation d'une ruche depuis le 1er septembre jusqu'au 1er mai.

D'après des expériences plusieurs fois répétées, expériences que je vais mettre sous les yeux du lecteur, la consommation de chaque ruche pendant ces huit mois varie entre 6 et 8 kilogrammes de miel, selon les années et la population des ruches. Généralement parlant, les ruches très-fortes ont besoin d'un peu plus de miel que les autres, c'est ce qui arrive surtout en mars et en avril ; cependant, il n'est pas rare de voir des ruches médiocres consommer plus que d'autres ruches mieux peuplées.

C'est un fait bien constaté et dont la cause m'est inconnue.

Pour me résumer : Si vous faites la récolte en juillet, laissez à chaque ruche de 9 à 10 kilogrammes de miel; laissez-en de 7 à 8 seulement, si vous la faites en septembre. Avec de telles provisions, soyez sans inquiétude sur le sort de vos abeilles.

143. Première expérience à l'appui.

N° D'ORDRE.	POIDS BRUT		DIFFÉRENCE.
	1858 1er JUILLET.	1858 19 OCTOBRE.	
1	16^k,910	14^k,580	2^k,330
2	23 ,730	22 ,,	1 ,730
3	18 ,490	14 ,200	4 ,290
4	22 ,540	18 ,860	3 ,680
5	21 ,810	17 ,170	4 ,640
6	17 ,240	13 ,570	3 ,670
7	21 ,170	18 ,100	3 ,070
8	18 ,670	16 ,070	2 ,600
9	17 ,880	14 ,680	3 ,200
10	16 ,750	13 ,630	3 ,120
11	15 ,720	12 ,970	2 ,750

Observations. — La première colonne du tableau est le n° d'ordre; la seconde marque le poids brut des ruches au 1er juillet; la troisième, le même poids brut au 19 octobre; la quatrième nous donne la différence du premier au second poids, c'est-à-dire la quantité de miel que chaque ruche a consommée depuis le 1er juillet jusqu'au 19 octobre.

La dépense a été énorme, mais je me hâte de dire qu'elle n'est pas toujours aussi forte. Ainsi nos ruches, au

1er septembre 1849, étaient plus lourdes qu'au 1er juillet de la même année.

Le numéro 2, qui n'a perdu que 1,730 grammes de son poids, avait une très-forte population; il a dû vivre un peu au dépens d'autrui par un pillage latent (158).

Pendant que nos abeilles, privées de fleurs, entamaient si fortement leurs provisions, celles qui se trouvaient à portée de la bruyère ou du sarrasin les augmentaient considérablement.

144. Deuxième expérience à l'appui.

N° D'ORDRE.	POIDS BRUT DES RUCHES		DIFFÉRENCE.	POPULATION RELATIVE.
	1858 19 octobre.	1859 6 avril.		
1	14k, 580	9k, 290	5k, 290	2
2	22 , » »	17 , 170	4 , 830	1
3	14 , 200	8 , 690	5 , 510	1
4	18 , 860	12 , 670	6 , 190	1
5	17 , 170	10 , 960	6 , 210	1
6	13 , 570	8 , 530	5 , 040	2
7	18 , 100	12 , 270	5 , 830	1
8	16 , 070	10 , 650	5 , 420	2
9	14 , 680	9 , 180	5 , 500	1
10	13 , 630	8 , 880	4 , 750	2
11	12 , 970	8 , 150	4 , 820	3
12	13 , 920	8 , 770	5 , 150	3
13	14 , 320	7 , 650	6 , 670	3
14	13 , 060	8 , 480	4 , 580	2
15	13 , 830	7 , 950	5 , 880	1
16	13 , 890	8 , 090	5 , 800	3
17	11 , 100	6 , 720	4 , 380	3
18	15 , 350	7 , 730	7 , 620	1
19	11 , 940	6 , 990	4 , 950	1
20	16 , 710	9 , 620	7 , 090	1
21	11 , 310	6 , 660	4 , 650	1

Observations. — La cinquième colonne indique la force relative de la population que les ruches paraissaient avoir le 25 avril 1849, qui a été une belle journée de travail. Chaque colonie travaillait selon sa force.

Les numéros marqués du chiffre 4 étaient des ruches à forte population.

On a remarqué que les numéros 17, 19 et 21 avaient mangé moins que les autres. C'étaient des essaims logés dans de petites ruches de 18 litres, tandis que les autres numéros avaient des ruches de 25 à 27 litres.

Les dix derniers numéros ont passé l'hiver au milieu d'un jardin. Exposés à tous les vents, ils n'avaient d'autre abri qu'une toiture de planches pour les garantir seulement de la pluie. Ils ont consommé (les trois essaims exceptés) plus que les onze premiers qui étaient beaucoup mieux abrités de la pluie et du vent du nord.

L'hiver de 1858 à 1859 a été très-doux. Les abeilles, dans chacun des mois de novembre, décembre, janvier et février, ont pu sortir plusieurs fois au-dehors. Le 17 mars, elles ont commencé à récolter passablement de pollen.

145. **Troisième expérience à l'appui.** — Les cinq premières ruches, très-fortes en population, n'avaient pour nourriture que du miel de leur récolte.

Les quatre dernières, un peu moins peuplées, étaient deux essaims tardifs de 1859 et les deux souches de ces essaims ; leurs provisions se composaient de glucose pour les deux tiers et du miel de leur récolte pour l'autre tiers.

Les essaims nos 6 et 7 étaient logés dans des ruches jaugeant à peine 18 litres, quoique aussi peuplées que les souches nos 8 et 9, ils ont moins dépensé, mais aussi les souches avaient des ruches de 25 à 27 litres.

Rappelons-nous que déjà dans la seconde expérience, nous avons constaté que trois essaims logés dans de petites ruches avaient mangé moins que les autres colonies.

Pour la troisième expérience, les ruches ont été pesées avec leurs plateaux.

Excepté les derniers jours de décembre et le mois de janvier qui ont été doux, l'hiver de 1859 à 1860, depuis les premiers jours de novembre jusqu'aux derniers jours de mars a été constamment rigoureux.

N'oublions pas qu'il fallait encore au moins un kilogramme de miel, à chaque ruche, pour vivre depuis le 11 avril jusqu'au 1er mai.

N° D'ORDRE	POIDS BRUT		DIFFÉRENCE.
	1859 24 OCTOBRE	1859 11 AVRIL	
1	25k, 480	19k, 480	6k, 000
2	23 , 360	17 , 070	6 , 290
3	21 , 830	16 , 230	5 , 600
4	18 , 980	13 , 080	5 , 900
5	25 , 590	18 , 370	7 , 220
6	15 , 160	10 , 080	5 , 080
7	14 , 660	10 , 290	4 , 370
8	19 , 200	13 , 320	5 , 880
9	21 , 290	15 , 250	6 , 040

146. Estimer le miel d'une ruche. — Vouloir estimer au juste le miel que renferme une ruche, est chose impossible. On pourra se tromper de 1 kilogramme en juillet et de 500 grammes en septembre. Les calculs que nous allons donner ne sont donc faits qu'approximativement.

Nous supposons que la pesée a lieu sur la fin de juillet lorsque les bourdons ont en grande partie disparu. Nous prenons pour exemple deux ruches de capacités égales et jaugeant de 25 à 30 litres. La première est très-forte, mais les gâteaux sont anciens ; la seconde est très-forte aussi, mais c'est un essaim de l'année. De la première (outre le poids de la ruche vide), il faut distraire 1 kilogramme 500 grammes pour la cire, 2 kilogrammes pour les abeilles, 1 kilogramme au plus pour le couvain : en tout 4 kilogrammes 500 grammes. De l'essaim, il faut distraire 2 kilogrammes pour les abeilles, 1 kilogramme pour le couvain et 800 grammes seulement pour la cire : en tout 3 kilogrammes 800 grammes. Le poids du couvain est peut-être exagéré, surtout pour la première ruche. Celui de la population, que je porte à 2 kilogrammes, est grandement suffisant. N'oublions pas que neuf abeilles prises dans un essaim deux heures après sa sortie, pèsent autant que onze autres à leur état habituel (94) : en sorte qu'une ruche ayant 2 kilogrammes d'abeilles est aussi forte qu'un essaim qui pèserait 2 kilogrammes 500 grammes au moment de sa sortie.

On peut porter l'estimation d'une population ordinaire à 1 kilogramme 500 grammes seulement et le couvain à 500 grammes.

Enfin, si la pesée se fait en septembre, on réduira un peu le poids de la population, et considérablement celui du couvain. Je me rappelle à cette occasion avoir éthérisé complétement les abeilles d'une forte ruche et les avoir pesées ensuite très-exactement. C'était en septembre ; eh bien ! le poids de toutes ces mouches n'a pas dépassé 1 kilogramme 600 grammes. Il est bon d'ajouter que la ruche, malgré cette opération, a essaimé l'année suivante.

Si les ruches sont moins grandes d'un tiers, il est bien entendu qu'on réduira d'autant le poids des gâteaux ; il faudra même réduire un peu celui du couvain et de la population. Je crois qu'avec toutes ces mesures, on arrivera à connaître presque mathématiquement la quantité de miel contenu dans chaque ruche. Pour cela, il suffira de retrancher du poids total de la ruche, celui de la ruche vide, des abeilles, du couvain et de la cire, le reste sera nécessairement le poids du miel.

Je n'ai pas parlé du pollen que je confonds avec le miel. On peut estimer ce pollen de 250 à 400 grammes. Ce poids ne me paraît pas même suffisant pour nourrir le nombreux couvain qu'on trouve dans quelques ruches fortes, en janvier, février et mars.

147. Balance à peser les ruches. — Lorsque je veux faire des expériences spéciales et obtenir des résultats très-exacts, je me sers de la balance à fléau. S'agit-il de savoir combien il faut de miel pour la consommation d'une ruche dans un temps donné, de comparer le travail de deux essaims du même jour, mais de population différente, la balance à fléau me donne, dans ces cas et autres semblables, la précision que je désire. Pour l'économie ordinaire du rucher, je me sers d'une balance à ressort appelée peson. Elle est moins exacte, mais d'un usage plus commode. Avec cette balance je connais le poids des ruches à quelques hectogrammes près. Je sais si les provisions sont au-dessus ou au-dessous des besoins de la mauvaise saison. Je suis enfin fixé sur la quantité de miel que je puis extraire.

Quelques personnes pourraient s'effrayer de mes balances et s'imaginer que peser des ruches, ce doit être bien embarrassant, bien dangereux ; rien n'est plus simple cependant. On va s'en convaincre.

Prenez trois bouts de ficelle de cinquante centimètres de longueur, attachez-les par l'une des extrémités à un anneau, armez-les chacune, à l'autre extrémité, d'un petit crochet en fer ; ces trois crochets serviront à saisir la ruche par trois points de sa circonférence, et l'anneau, s'accrochant au peson ou à l'un des bras de la balance, tiendra la ruche en suspens. Quand on pèse avec la balance à fléau, on la fixe à une hauteur convenable, après avoir détaché un de ses plateaux ; on va saisir ensuite avec les crochets, la ruche légèrement enfumée ; on l'enlève au moyen des cordes et de l'anneau, et on la suspend au fléau à la place du bassin qu'on a ôté. Seul et dans une heure et demie, je puis peser de la sorte vingt ruches. Avec le peson je me sers rarement des ficelles et des crochets ; j'enlève la ruche, je l'accroche tout simplement au peson, et la besogne est faite, encore plus vite.

148. Récolte sur les ruches communes. — Les propriétaires de ruches communes n'ont pas tous le même mode d'aménagement. Les uns ont de grands paniers d'une capacité de 25 à 30 litres, ils réunissent tous les essaims faibles ou tardifs, et suppriment en août tout ce qui est vieux ou sans provisions suffisantes : c'est la meilleure méthode. Les autres veulent de petites ruches de 16 à 20 litres. Ils ne se donnent pas la peine de doubler leurs essaims ; leur manière de récolter consiste à sacrifier les plus lourdes, c'est-à-dire les meilleures ; ils détruisent également celles qui n'ont pas assez de provisions, et nous savons si le nombre en est grand dans les mauvaises années. D'autres enfin affectionnent aussi les petites ruches. Ils vont y fureter quelques rayons de miel, et souvent ils ne s'en tiennent pas là, ils enlèvent aux malheureuses abeilles le quart ou la moitié de leurs provisions, en disant : Elles rempliront le vide, la saison est encore bonne.

Voyons s'il n'y a rien de mieux que ces trois méthodes.

149. Récolte partielle sur les ruches communes. — Nous avons affaire à une grande ruche, ou, ce qui revient au même, à une petite munie d'une hausse pour compléter la capacité de 25 à 30 litres. Cette ruche, quand elle est bien pourvue de miel, pèse brut de 22 à 24 kilogrammes ; en la récoltant on peut en réduire le poids à 16, car le panier vide ne pesant guère que 3 kilogrammes, et le décompte des abeilles, du couvain et de la cire étant fait, il restera encore au moins 8 kilogrammes 500 grammes de miel, ce qui est suffisant pour les besoins. Il ne faut en aucun cas toucher aux provisions nécessaires ; on doit toujours se conduire comme si les abeilles ne devaient plus rien amasser.

Tout cela étant bien entendu, nous faisons nos apprêts pour la récolte. Il nous faut une terrine à mettre le miel, un seau d'eau pour laver les mains, trois ou quatre tuiles creuses pour couvrir les ruches, un couteau à miel un peu recourbé, un tout petit balai pour faire tomber les abeilles, enfin du pourget et un bon enfumoir.

Nous arrivons à la ruche, nous y introduisons d'abord quelques bouffées de fumée par la porte ; ensuite, après l'avoir décollée et soulevée au moyen d'une petite cale, nous l'enfumons de nouveau pour mettre les abeilles en état de bruissement, nous transportons la ruche à la place désignée près des ustensiles, nous la renversons à ciel ouvert ; là, après avoir reconnu la partie occupée par le miel, nous plaçons une tuile creuse sur l'autre partie, celle où se trouve le couvain.

La fumée et les coups donnés avec le couteau à miel forcent les mouches à se réfugier sous la tuile. Dès que les gâteaux deviennent libres, on les enlève et on chasse les quelques abeilles qui s'y trouvent; puis, on secoue ou on balaie la tuile pour faire tomber toutes les mouches dans la ruche, qui à l'instant est reportée à sa place.

Cette méthode ne présente ni difficulté ni danger d'aucune nature, quand la saison est encore bonne; mais lorsque la campagne n'offre plus aucune ressource, il est bien difficile de maîtriser les abeilles : elles s'obstinent malgré la fumée, à rester au fond de leurs gâteaux. Ce sont des piqûres, des mouches engluées, d'autres mouches qui s'abattent sur le miel : c'est à lasser votre patience. Ce n'est pas encore tout. L'odeur du miel a réveillé les autres ruches et a provoqué leur convoitise. Tout le monde veut avoir sa part du butin, c'est un mouvement général, une confusion inquiétante; et si l'on ne se hâte de rétrécir les portes des ruches, de calfeutrer celles auxquelles on vient de toucher, le pillage est imminent.

Je me suis vu quelquefois obligé de transporter les ruches dans une chambre, d'en tirer le miel, de les reporter au rucher et de les calfeutrer immédiatement; puis, lorsque le travail était terminé, d'ouvrir les croisées pour laisser aux mouches la liberté de retourner chez elles.

Il ne faut pas oublier de rejeter dans la ruche les abeilles réunies sous la tuile, parce que la reine s'y trouve quelquefois.

150. **Récolte entière sur les ruches communes.** — La deuxième manière de récolter le miel des ruches communes répondra à toutes les exigences de ce-

lui qui veut du miel, ou qui veut réduire son rucher; et
tout cela, sans dommage pour les abeilles. Je pratique
cette méthode, j'en garantis le succès.

Un propriétaire, ne voulant conserver qu'un certain
nombre de paniers sur son rucher, supprime tout ce qui
dépasse ce nombre; il a bien soin de ne détruire que les
vieilles ruches, puis celles qui n'ont pas leurs provisions,
et enfin celles qui n'ont point de reine. Jusque-là tout est
bien : mais ordinairement la manière de procéder est déplorable. On étouffe brutalement avec du soufre les pauvres abeilles qui ne demandent qu'à vivre pour être utiles.
Le moyen suivant respecte tout à la fois la vie des
mouches et les intérêts du maître. Le lecteur en jugera.

Quand on s'aperçoit que les bourdons disparaissent et
que la récolte du miel touche à sa fin, on prend note de
toutes les ruches à supprimer, et on choisit pour le faire
une belle journée entre midi et quatre heures. La première ruche à détruire est vieille, elle est voisine d'une
autre que vous voulez conserver; soufflez d'abord dans la
première quelques bouffées de fumée; ensuite, après l'a-
voir soulevée et maintenue ainsi avec une petite cale,
mettez les abeilles en état de bruissement; faites exactement la même chose pour la ruche voisine, c'est-à-dire
provoquez-y aussi le bourdonnement intérieur; quand
vous en êtes là avec cette dernière ruche, enlevez-la pour
un moment; mettez à sa place la première, après l'avoir
renversée à ciel ouvert; puis placez l'autre par-dessus.
Ainsi la ruche que vous voulez conserver se trouve par-
dessus celle que vous vous proposez de supprimer. Soufflez encore quelques bouffées de fumée, calfeutrez ensuite
les deux ruches en ne laissant qu'une étroite entrée pour
le passage des abeilles; pratiquez la même opération sur
toutes les ruches à supprimer.

8

Quand je vous dis de réunir la vieille ruche à sa voisine, je n'entends pas vous en faire une loi ; vous êtes parfaitement libre de la placer sous une autre, à quelque distance. Cependant il est toujours mieux de réunir les voisines, parce que les abeilles retrouvent plus facilement la famille.

Voyons maintenant ce qui se passe dans nos ruches. Quand on enfume convenablement, il n'y a point de combat ; une des reines périt, l'autre établit presque toujours sa résidence dans la ruche supérieure ; c'est là qu'elle continue sa ponte, c'est là que la famille se concentre ; le couvain de la ruche renversée éclot tous les jours, mais il n'est pas remplacé ; les dernières mouches naissent et sortent de leur cellule vingt ou vingt et un jours après la réunion. A partir de ce moment, et non auparavant, on peut enlever cette ruche inférieure, la porter dans une chambre ; là, les abeilles l'abandonnent volontairement et sans fumée, et il est aisé de s'en approprier les provisions. Pour plus de détails, consultez l'article suivant 151. Quelquefois les mouches n'abandonnent pas la ruche, c'est une preuve que la reine s'y trouve ; dans ce cas, qui est rare, il faut remettre la ruche comme elle était, pour la reprendre plus tard.

Nous avons dit que la reine établit presque toujours sa demeure dans la ruche du haut ; le contraire peut avoir lieu ; la ponte alors continue dans la ruche inférieure et cesse dans l'autre. Lorsque ce fait arrive, il ne reste autre chose à faire que d'attendre à l'automne pour supprimer celle des deux ruches qui n'aura pas la reine.

Des gens qui se font des difficultés de tout vont me dire : Les dimensions de mon rucher s'opposent à ce que je place ainsi ruche sur ruche. Non, prenez plus de souci de vos abeilles et vous trouverez moyen de faire des changements qui vous permettront de mettre et de consolider un panier sur un autre panier renversé.

Réduire le nombre de ses ruches devient une affaire bien simple avec les ruches à hausses. Après avoir enfumé convenablement les deux ruches que l'on veut réunir, on porte celle qui doit être supprimée, par-dessus l'autre dont on a débouché le couvercle, et on calfeutre soigneusement les deux ruches, en ne laissant qu'une seule porte, celle du bas. La reine qui survit, s'établit presque toujours dans la ruche inférieure; c'est donc la ruche supérieure qui, n'ayant plus de couvain vingt-deux jours après la réunion, devra être enlevée et récoltée de la même façon que les ruches communes.

Il est important de choisir une belle journée pour les opérations dont nous parlons. Les abeilles, quand elles travaillent, sont plus conciliantes, mieux disposées à fraterniser. Celles qui reviennent de la campagne et qui ne retrouvent plus leur ruche, finissent, après quelques moments d'hésitation, par entrer en suppliantes chez leurs voisines, où elles ne sont pas trop mal accueillies. Il y a peu de victimes.

On ne peut, sans inconvénient, devancer le terme de vingt-deux jours que nous avons assigné pour la récolte du miel, parce que le couvain ne serait pas éclos : mais on est libre de reculer ce terme selon ses convenances; par exemple, pour attendre une température chaude, afin d'avoir un produit plus maniable et plus beau.

151. Récolte sur les ruches à calotte. — La manière de récolter le miel des ruches à calotte est bien simple; elle consiste à enlever la calotte qui les recouvre. On peut, pour cette opération, choisir le mois de juillet ou celui d'août : il n'y a pas de pillage à craindre. Le mieux serait de récolter en juillet par une journée chaude ; le miel serait plus liquide ; il se séparerait du marc plus vite et plus complétement.

Nous voici à l'œuvre. Nous décollons la calotte, nous y soufflons quelques bouffées de fumée, pour calmer les mouches ; nous l'enlevons et la mettons à terre, une minute ou deux, temps nécessaire pour ôter les moindres parcelles de miel qui se trouvent sur le sommet de la ruche et en fermer l'ouverture ; nous transportons la calotte à la maison, dans une chambre dont les croisées sont fermées. Nous allons chercher les autres calottes successivement et avec les mêmes précautions, en les plaçant à une distance de 30 à 45 centimètres et dans un ordre tel que nous puissions nous rappeler, deux heures après, à quelle ruche appartient chacune d'elle. Les abeilles se troublent bientôt, elles s'agitent, puis elles abandonnent peu à peu les calottes : c'est le moment d'ouvrir les croisées. Ici la fumée retarderait plutôt qu'elle ne hâterait le départ des abeilles.

Mais voici peut-être une calotte qui ne fait pas comme les autres. Les mouches ne songent point à l'abandonner, elles ne paraissent nullement émues de ce qui vient d'avoir lieu ; d'autres mouches des calottes voisines vont même les rejoindre : c'est que la reine est là. Que faire alors ? Il faut opérer par transvasement, mettre une calotte vide par-dessus celle qui est pleine, passer une serviette en forme de cravate pour fermer toutes les issues, tambouriner sur la calotte pleine, afin de forcer les abeilles à monter dans celle qui est vide. Lorsqu'elles y sont montées, on les porte sur la ruche à laquelle elles appartiennent, après en avoir débouché le couvercle. On voit par là combien est important de reconnaître l'ordre dans lequel ont été placées les calottes.

Il ne reste plus qu'à retirer le miel, ce que tout le monde peut faire sans avoir besoin de maître.

Voici une autre méthode moins embarrassante que la première ; nous l'empruntons au *Cours pratique d'apiculture* de M. Hamet.

« L'enlèvement des calottes a lieu au milieu d'une belle journée. L'opérateur soulève la calotte par un côté et y souffle de la fumée, afin de maîtriser les quelques abeilles qui pourraient s'irriter ; il enlève cette calotte et il la pose à terre, à un mètre ou deux de sa ruche et sur un sol à peu près égal ; il la clôt au moyen d'un peu de terre qu'il ramène autour de ses bords, et ne laisse seulement qu'un trou pour passer le doigt, autant que cela se peut du côté du soleil ; il la marque d'un signe quelconque qu'il met également à la ruche d'où elle provient, et l'on ne s'en occupe plus ; il passe alors à une autre ruche, qu'il opère de même.

Quant aux abeilles restées dans les calottes, voici comment elles se comportent : après avoir reconnu qu'elles sont isolées de la colonie-mère, ce dont elles ne tardent pas à s'apercevoir, elles se gorgent de miel, et déguerpissent en colonne serrée. On les voit, au bout de quinze à vingt minutes, sortir par la petite issue ménagée, s'envoler au plus vite et retourner en ligne droite à la ruche-mère. S'il se trouve quelques jeunes abeilles qui n'aient pas encore sorti, elles ne sont pas du tout embarrassées pour reconnaître leur ruche : le bourdonnement de leurs compagnes plus âgées les guide dans cette circonstance.

Lorsqu'après vingt-cinq à trente minutes les abeilles ne pensent pas à sortir d'une calotte, il faut juger que la mère-abeille s'y trouve, ce qui arrive rarement : on chasse alors les abeilles de cette calotte dans une ruche vide. On fait cette opération par le tapotement et à ciel ouvert. Lorsque les abeilles sont à peu près toutes montées dans la ruche vide, on secoue celle-ci à l'entrée de la souche.

Il faut enlever les calottes laissées à terre aussitôt que les abeilles qu'elles contenaient sont parties, parce que d'autres pourraient y venir, qui agiraient en pillardes.

Deux personnes peuvent opérer vingt ruches à l'heure par les moyens que nous venons de décrire, moyens dus à M. Mauget, et beaucoup plus simples et plus expéditifs que celui qui consiste à faire sortir les abeilles par le tapotement ou par la fumée, qu'emploient encore un certain nombre d'apiculteurs. »

152. Récolte sur les ruches à hausses. — Pour récolter le miel des ruches à hausses, il y a deux méthodes qu'on peut indifféremment employer : car, si l'une nous donne un miel plus beau, l'autre convient peut-être mieux aux abeilles.

La première consiste à placer en mai un chapeau (191), par-dessus les ruches à trois hausses (78). Les hausses suffisent pour loger le couvain et les provisions d'hiver ; et, quand le chapeau renferme du miel, on est à peu près assuré de pouvoir l'enlever sans nuire aux abeilles. Il n'y a donc pas grande nécessité de peser la ruche. Pour enlever le chapeau et se débarrasser des abeilles, on suivra les conseils que, dans l'article précédent, nous avons donnés pour l'enlèvement des calottes.

La seconde méthode exige que, au fur et à mesure des besoins, on ajoute successivement de nouvelles hausses par-dessous les ruches. Une ruche à quatre hausses est presque toujours assez grande pour loger le couvain et le miel que les abeilles peuvent amasser, même dans une bonne année. Le poids brut d'une telle ruche peut aller à 30 kilogrammes. Veut-on procéder à la récolte, on passe un fil de fer entre la hausse supérieure et la voisine, et sur celle-ci on adapte immédiatement un couvercle plat (193). On en fait autant les années suivantes, et les gâteaux se trouvent ainsi renouvelés périodiquement.

153. Récolte sur la hausse supérieure. — Le seconde méthode de récolter le miel des ruches à hausses présente plus de difficultés que la première, et, si l'on n'y prend garde, elle expose même les ruches au pillage. Elle consiste à couper avec un fil de fer les gâteaux entre la hausse supérieure et la suivante. Entrons dans quelques détails.

Avant tout, grattez soigneusement le pourget (196) entre les deux hausses dont nous venons de parler; ôtez tout obstacle, tel que clous ou ficelles; faites ces dispositions préparatoires sur toutes les ruches; ayez deux fils de fer sous la main, l'un pour remplacer l'autre au besoin; ayez aussi du pourget en quantité suffisante. Le moment le plus favorable est de cinq heures du soir jusqu'à huit.

Une seule personne peut à la rigueur faire la besogne, mais un aide est bien utile. On débouche le couvercle : c'est par là qu'on enfume la ruche, jusqu'à ce qu'on voie les abeilles sortir par le bas. Cette fumée est indispensable pour chasser la reine de la hausse supérieure et prévenir la fureur des mouches. On regarde par l'ouverture du couvercle dans quelle direction sont les gâteaux, puis on referme. Au moyen d'un petit coin ou d'un ciseau, on introduit le fil de fer entre les deux hausses et on le place de façon qu'il croise tous les gâteaux. Si l'on est deux, l'un tire le fil de fer et scie en quelque sorte les gâteaux, pendant que l'autre maintient la ruche. Les gâteaux étant coupés, on soulève la hausse supérieure, pour passer vite un couvercle entr'elle et les trois hausses du bas; on met trois petits coins d'un centimètre de hauteur entre le couvercle et la hausse supérieure, afin que les gâteaux de celle-ci ne posent pas sur le couvercle et n'interceptent pas la circulation des abeilles. Après cette première opération, qui est d'ailleurs la plus importante, on calfeutre soigneusement les hausses et le couvercle.

Dès le lendemain, bien qu'on puisse attendre une quinzaine de jours, on procède à l'enlèvement de la hausse supérieure, enlèvement qui se fait absolument comme celui des calottes dont nous avons parlé dans l'article 151.

Quand la ruche à quatre hausses pèse brut 25 kilogrammes, on peut, sans craindre de nuire aux abeilles, enlever tout le miel que contient la hausse supérieure. Mais si le poids brut ne monte qu'à 22 ou 23 kilogrammes, on ne tire qu'une partie du miel de la hausse supérieure, puis on replace sur la ruche cette hausse avec ce qui lui reste, en lui laissant de préférence les gâteaux du centre. Enfin, si la ruche ne pèse brut que 18 à 20 kilogrammes, on n'y touche pas, on nuirait considérablement aux abeilles et encore plus à soi-même.

Passer un fil de fer à travers tous les gâteaux, c'est effrayant, s'écrieront quelques novices : tout l'édifice va crouler et ensevelir les habitants sous les ruines. Rassurez-vous, il n'en sera rien. Les gâteaux sont soudés aux parois de la ruche, ils sont soutenus par des baguettes transversales; rien ne tombera, rien ne s'affaissera. La seule recommandation à faire, c'est de ne pas travailler par une chaleur trop grande, de ne pas déranger les hausses inférieures, et de ne jamais faire cette opération sur des essaims de l'année, parce qu'alors les gâteaux n'ont pas assez de consistance pour résister à une telle épreuve.

154. **Produit moyen des ruches.** — Le miel et la cire, voilà le but final que nous nous proposons dans tous nos soins pour les abeilles. Quelques personnes les cultivent aussi comme d'autres cultivent les fleurs; elles se passionnent pour ces petits insectes et y consacrent tous leurs loisirs; elles en font un objet de délassement plutôt qu'une affaire d'intérêt; qu'elles réussissent plus ou moins bien, ce n'est pas ce qui les occupe beaucoup. Tout en respectant cette passion qui tient peut-être la place d'une autre moins innocente, ce n'est point pour ces personnes que j'ai fait mon travail. Je m'adresse aux hommes d'industrie qui veulent exploiter, de la manière la plus avantageuse, cette toute petite portion du vaste domaine de la nature que Dieu nous a abandonné; je veux les prémunir contre les déceptions et les dégoûts, suite ordinaire d'une mauvaise administration; je veux enfin leur faire connaître, sans exagération, les bénéfices qu'avec une bonne culture ils ont droit d'attendre. Si ces bénéfices ne répondent pas à leur ambition, qu'ils renoncent aux abeilles, autrement ils s'exposent à bien des mécomptes.

Avec une bonne direction, un rucher composé de vingt bons paniers fournira, année commune, de 30 à 40 kilogrammes de miel et environ 4 de cire fondue. Mais pour obtenir ce résultat, prenez-y garde, il faut empêcher l'essaimage des abeilles; le permettre seulement aux meilleures ruches, afin de remplacer par des essaims tout ce qui viendra à dépérir par une cause ou par une autre. J'entends faire entrer dans mon calcul le miel et la cire des ruches surnuméraires. Il est clair que si, au lieu de m'en tenir à vingt bons paniers, je veux aller jusqu'à vingt-cinq, je compterai comme produit les cinq paniers nouveaux.

Craignant par-dessus tout le reproche d'inexactitude, je vais entrer dans quelques explications. Mes observations ont été faites dans un pays où l'on ne rencontre ni sarrasin ni bruyère, les récoltes de miel n'y sont pas abondantes ; toutefois je connais des ruchers qui donnent des produits plus séduisants, mais ils ne doivent cette prospérité qu'à des circonstances locales et exceptionnelles.

Ainsi la fleur du mélilot, si commun dans certaines localités, est d'une grande ressource pour les abeilles dans un moment où elles ne trouvent plus rien ailleurs, c'est-à-dire en juillet ; ainsi la navette d'été, cultivée seulement dans quelques communes, est une autre cause de prospérité exceptionnelle ; enfin le colza, si avantageux au printemps, n'est pas une plante de tous les pays à grande culture. Mes estimations, au contraire, seraient exagérées pour les grands vignobles : les abeilles y prospèrent moins bien que partout ailleurs, les fleurs des prairies étant presque leur unique ressource.

Les ruchers à portée des forêts donnent ordinairement des essaims plus précoces et plus nombreux que dans la plaine, c'est probablement aux chatons du noisetier et du saule marceau qu'ils le doivent ; mais cette prospérité n'est qu'apparente ; elle se réduit souvent à rien. Ces ruchers rapporteront peu de chose si l'on n'emploie pas toute son industrie à empêcher l'essaimage, ou si l'on ne double pas tous les essaims en en réunissant même quelquefois trois ensemble, quand ils sont par trop faibles.

La plupart de nos forêts, privées de bruyère, fournissent moins de miel, en juin et juillet, que les terres cultivées.

155. Pillage. — La guerre entre les abeilles peut

survenir après la récolte et ce n'est ordinairement qu'à cette époque de l'année qu'elle a lieu. C'est donc le cas d'en parler ici. Nous pouvons la voir à son début, la suivre dans ses progrès et constater la victoire.

Il y a certitude d'hostilité et tentative de pillage, lorsque des abeilles étrangères essaient de s'introduire furtivement dans une ruche. Ces pillardes appartiennent souvent au rucher dont la ruche attaquée fait partie. On les voit voltiger, tournoyer avec précipitation d'une ruche à l'autre, cherchant à surprendre les sentinelles. Elles font surtout irruption chez les orphelines, c'est-à-dire dans les ruches sans reine, où elles ne trouvent que la faible défense d'une garnison sans chef. Ailleurs, elles rencontrent aux portes des gardes vigilantes, et, si elles veulent entrer, elles sont saisies par les pattes et obligées de prendre la fuite. Jusqu'ici rien n'est à craindre. Mais, si la troupe assaillante grossit à vue d'œil; si la porte est trop large pour être bien gardée; si l'ennemi réussit à entrer dans la place, alors il y a grand combat dans l'intérieur, et la présence des morts et des mourants va bientôt vous donner la preuve de la fureur de l'attaque et de l'héroïsme de la défense; lorsque les choses en sont là, le péril devient imminent. Enfin, quand à la suite de ces luttes acharnées, on voit des masses d'abeilles entrer, sortir rapidement et sans obstacle, c'est que la citadelle est prise et que le pillage a commencé; si une puissance supérieure n'intervient à propos, quelques heures suffiront pour enlever tout le butin et faire de la ruche un désert.

150. Secourir une ruche au pillage. — N'attendez pas pour venir au secours de la tribu menacée, qu'elle soit réduite à une situation alarmante. Accourez au contraire au premier signal de l'invasion; rétrécissez la porte, cependant laissez-y assez d'espace pour qu'il puisse y passer au moins deux abeilles de front, les ruches fortes en exigent même davantage, sans quoi il y aurait défaut d'air, ce qui est très-dangereux.

Lorsque la troupe ennemie est nombreuse, animée au combat, et qu'il y a déjà des morts et des mourants, alors hâtez-vous de rendre encore l'entrée plus difficile, plus étroite; calfeutrez le tour des ruches assaillies, pour empêcher les émanations du miel; aspergez abondamment avec de l'eau fraîche le plateau et le devant des ruches, sans craindre de mouiller les abeilles; continuez de jeter ainsi de l'eau de temps en temps, jusqu'à ce que le calme commence à se rétablir. Souvent ce calme ne devient complet qu'à la nuit. Alors pour prévenir l'asphyxie, vous donnerez de l'air en élargissant l'entrée. Le lendemain matin vous rétrécirez plus ou moins, selon les exigences. Ordinairement la fraîcheur de la nuit refroidit l'ardeur des combattants.

Enfin s'il arrive que les pillardes triomphent, si elles se pressent d'entrer et de sortir pour emporter plus vite leur proie, il n'y a plus qu'un parti à prendre, c'est d'isoler la ruche et de la transporter à une cinquantaine de mètres plus loin. Le soir, si les abeilles montent la garde, si, à l'entrée de la ruche, quelques-unes sont en état de bruissement, on peut espérer que tout n'est pas perdu, que la reine n'a pas succombé, et qu'en rétrécissant beaucoup le passage, on mettra la ruche en état de résister à de nouveaux efforts. On la reportera alors à sa place ordinaire.

Voici un autre moyen plus sûr. Dès que le combat cesse et que le pillage commence, on enlève la ruche et on l'enveloppe avec un tablier de cuisine. Les abeilles restent prisonnières pendant vingt-quatre heures, et ce n'est que le lendemain, à la tombée du jour qu'on leur rend la liberté.

Au lieu de vouloir conserver les ruches qui ont souffert un peu du pillage, on ferait peut-être mieux, pour en sauver les provisions, de les réunir à d'autres, ou d'en retirer tout bonnement le miel qui y reste.

157. Causes du pillage. — Le pillage vient toujours d'une faute. Ainsi, si l'on néglige au printemps de porter à la maison, de demi-heure en demi-heure, les gâteaux qu'on retire des ruches (48); si, lorsqu'on nourrit les abeilles, on oublie les précautions que nous avons recommandées (62), il y aura tentative de pillage plus ou moins sérieuse. Le danger est bien plus grand, quand la récolte du miel se fait à une époque où la campagne ne fournit plus rien; il faut alors des soins minutieux, sans quoi les irruptions seront audacieuses et souvent couronnées de succès. Il faut travailler dans une chambre, reporter chaque ruche, la calfeutrer, en rétrécir la porte, avant de passer à une autre; ou bien il faut faire le tout en plein air, mais à une heure avancée du jour, afin qu'au besoin, la nuit vienne en aide.

Il y a des gens qui, pour ne rien perdre, exposent devant leur rucher des terrines, des ruches, des gâteaux où il reste encore quelques gouttes de miel : c'est une grande imprudence. Les abeilles, après avoir léché ruches et terrines voudront continuer à se régaler aux dépens d'autrui: elles iront porter l'inquiétude et le trouble dans les autres ruches.

158. Du pillage latent. — J'appelle de ce nom des larcins continus que des familles commettent sans violence chez d'autres familles. Aucun indice extérieur ne fait soupçonner cette espèce de pillage, cependant on est forcé de l'admettre, car les faits à l'appui sont trop nombreux.

Ainsi une colonie, que j'avais déplacée pour la réunir à une autre plus loin, s'en est vengée en allant prendre deux kilogrammes de miel à son ancienne voisine. C'est en renouvelant la pesée de l'une et de l'autre que j'ai pu me convaincre de la fraude; la première avait gagné exactement ce que la seconde avait perdu. Les autres colonies avaient toutes conservé le même poids.

Ainsi, en 1858, ayant pesé une trentaine de ruches, une première fois le 1er juillet, une seconde fois le 19 octobre, j'ai trouvé une perte de 4 kilogrammes chez une des plus faibles, tandis que la plus forte n'avait perdu qu'un kilogramme et demi.

Ainsi, après une double pesée en août et avril, on trouve que des colonies très-fortes ont beaucoup moins mangé pendant l'hiver que d'autres de même population.

Enfin, au moment de la récolte du miel, comment expliquer la richesse surprenante de ce panier qui au printemps ne promettait pas plus que beaucoup d'autres.

LES ABEILLES EN SAISON MORTE.

159. Visite du rucher après l'essaimage. — Un véritable apiculteur attachera toujours une grande importance à visiter son rucher cinq ou six semaines après l'essaimage. Cette visite ne doit se faire qu'à quelques familles et non pas à toutes. Il est au moins inutile de déranger les essaims qui travaillent avec une grande activité; les ruches qui, n'ayant pas essaimé, ont une nombreuse population; les souches d'essaims, qui paraissent visiblement se repeupler et augmenter sensiblement leur poids. Mais il ne faut négliger aucune des ruches qui sont faibles et peu actives; qu'elles aient essaimé ou non, on doit les visiter dans l'intérieur et s'assurer si elles ont du couvain d'ouvrières. Les petits essaims qu'on a réunis au moment de l'essaimage, les ruches qui ont donné deux essaims sont les plus exposées à perdre leur reine. C'est là surtout qu'il faut porter notre attention. Ne balançons pas un moment à détruire ou à réunir immédiatement toutes les familles où nous ne trouvons pas de couvain d'ouvrières.

Une ruche qui, trente-cinq ou quarante jours après le jet de son premier essaim, n'a pas de couvain d'ouvrières operculé, n'en aura jamais. On ne peut donc faire mieux que de la démolir ou d'utiliser son miel et sa population en la réunissant à une autre ruche bien organisée.

150. Les orphelines après l'essaimage. —
Les orphelines, comme nous l'avons dit, sont des ruches privées de reine. On en rencontre au printemps et en juillet. Nous avons parlé des premières (70), nous allons nous occuper des autres. Les orphelines de juillet présentent des caractères extérieurs qui les font reconnaître avec assez de facilité, sans qu'on ait besoin de les visiter intérieurement. Jetez un coup d'œil sur le rucher entre midi et trois heures, au moment où les bourdons vont prendre l'air sous un ciel serein. Voyez comme ces malheureux sont chassés partout, excepté de quelques ruches où ils jouissent d'une liberté complète pour aller et venir. Ces ruches ont très-peu d'activité et une faible population, les ouvrières qui reviennent chargées de pollen y sont rares, le bruissement y est nul ou presque nul le matin et le soir : tous ces caractères réunis vous donnent la certitude que la reine manque. Pour peu que vous en doutiez, visitez l'intérieur : il y a beaucoup de bourdons, mais aucune trace de couvain d'ouvrières, quelquefois du couvain de bourdons de tout âge, une quantité étonnante de cellules remplies de pollen. Quand ces signes intérieurs viennent confirmer les caractères extérieurs, le doute n'est plus possible.

Les ruches les plus exposées à devenir orphelines sont celles qui donnent un essaim secondaire, surtout lorsque cet essaim, retardé par le mauvais temps, ne sort que de douze à quinze jours après le primaire (114). On trouve même des orphelines, quoique bien rarement, dans un panier d'essaim. Cela vient d'une réunion de deux essaims sans réussite : les deux reines ont péri.

Nous avons vu (36) qu'une ruche récemment privée de reine, peut s'en faire une avec des vers d'ouvrières âgés de trois jours au plus; mais le malheur des orphelines devient irréparable, quand il dure depuis cinq ou six semaines. Qu'on leur donne alors du couvain de tout âge; les œufs écloront, les larves seront nourries, les nymphes sortiront de leur cellule; mais les choses en resteront là, les abeilles ne songeront point à se donner une mère. Allons plus loin. Qu'on leur donne une reine féconde; vous pensez qu'elles vont la recevoir avec joie; non, elles ne la maltraiteront pas trop d'abord, mais elles ne lui laisseront pas la liberté de ses mouvements et finiront par s'en débarrasser. Des expériences souvent répétées ne me laissent aucun doute à cet égard (38).

161. **Que faire des orphelines?** — Une famille d'orphelines est exposée à des dangers de toute sorte. Au jour du pillage, c'est elle qui succombe la première; si elle échappe à ce fléau, la fausse-teigne vient l'attaquer et en dévorer la cire en peu de temps. Ce n'est pas tout. Les bourdons mangent une bonne part de ses provisions; et si par hasard la population peut gagner l'hiver, réduite à un petit nombre de membres, elle périt de froid entre ses gâteaux remplis de pollen. Voilà la destinée d'une ruche orpheline, quand elle est abandonnée à elle-même.

Un propriétaire soigneux saura distinguer, au plus tard dans le mois d'août, chaque ruche en deuil de sa reine; il ne manquera pas de les supprimer le plus tôt possible, ou de les réunir à d'autres ruches qui n'auront pas leurs provisions d'hiver. Ces réunions se font avec succès. Un essaim médiocre auquel on réunit une orpheline qui a du miel, devient une très-bonne ruche au printemps.

C'est une chose curieuse de voir ce qui se passe dans une ruche orpheline que l'on réunit à une population qui a une reine. Les bourdons de l'orpheline sont immédiatement tués ou chassés. Cependant on les laisserait vivre si la ruche à reine ne s'était pas encore débarrassée de ses propres bourdons.

Le miel qu'on retire des orphelines est de mauvaise qualité, il est trop mélangé de pollen : aussi j'aime beaucoup mieux réunir ces orphelines à d'autres ruches que de récolter leur miel. C'est bien le même miel que celui des autres ruches, mais, dans les rayons du centre, des milliers de cellules remplies de pollen se trouvent côte à côte de plusieurs autres milliers de cellules remplies de miel.

162. **Compléter en septembre les provisions.** — Peu d'apiculteurs se rendent compte de ce qui se passe dans une colonie dont on veut compléter les provisions. On se persuade que les abeilles emmagasinent toute la nourriture qu'on leur donne. La vérité c'est qu'elles ne le font que pour les deux tiers et quelquefois pour la moitié.

Supposons deux ruches de population égale, dont l'une pèse trois kilogrammes de plus que l'autre ; pour rendre la dernière aussi lourde que la première nous lui donnons trois kilogrammes de miel, voici ce qui arrive : un tiers du miel, huit jours après, a disparu ; un mois après il n'en reste plus que moitié, c'est-à-dire qu'elle pèse un kilogramme et demi de moins que la plus lourde.

Ce déficit tient à deux causes. Une ruche que l'on nourrit élève du couvain dans le temps même où les autres ruches n'en élèvent plus, voilà la première cause du déficit. En second lieu, les abeilles, pendant qu'elles emmagasinent, établissent l'état de bruissement et le continuent encore plusieurs jours après ; elles font donc une dépense de force vitale qu'elles ne peuvent réparer que par une nourriture plus abondante. Cela est si vrai, qu'une population qui est au repos depuis le coucher jusqu'au lever du soleil perd très-peu de son poids, tandis que celle qui est en état de bruissement perd beaucoup plus. Cette perte évidemment ne peut être attribuée qu'à la transpiration insensible, puisque les abeilles ne sont pas sorties de toute la nuit.

C'est donc une mauvaise spéculation de nourrir une colonie à laquelle il manque une partie notable de ses provisions, à moins qu'on ne lui donne du miel d'une vente difficile ou du sirop de fécule.

On ne devrait jamais donner de supplément de nourriture qu'aux populations fortes qui peuvent, avec leurs propres ressources, vivre jusqu'aux premiers jours d'avril. Compléter les vivres d'une population faible, c'est presque toujours une dépense inutile de temps, de patience et d'argent.

La réunion des ruches faibles ou mal approvisionnées est toujours ce qu'il y a de mieux à faire. Cependant si l'on veut absolument les nourrir, il ne faut pas attendre jusqu'à l'arrière-saison. Les abeilles par les nuits froides d'octobre emmagasinent trop lentement la nourriture, surtout le sirop de fécule (65) ; d'un autre côté, c'est les exposer à la dyssenterie et le couvain à la pourriture. Les provisions doivent être complétées en septembre au plus tard.

Quelquefois j'ai enlevé en juillet à de bonnes ruches des calottes pleines de miel, pour les donner à des essaims faibles et j'ai presque toujours réussi à en faire de bons paniers. Cette dernière manière de compléter les provisions me parait donc la plus convenable : les abeilles ne touchent aux rayons de la calotte qu'au fur et à mesure de leurs besoins ; néanmoins elle n'est pas encore sans danger; car, si l'hiver est long et rigoureux, les abeilles, après avoir épuisé le miel du bas, ne peuvent pas monter dans la calotte, elles périssent de faim à côté de l'abondance.

163. Réunion de fin d'année. — Réunir deux ruches, c'est de deux populations distinctes n'en faire qu'une sous les lois d'un chef unique. Une seule reine suffit pour gouverner. Non seulement elle suffit, mais il y a incompatibilité absolue entre deux reines : l'une devra succomber sous les coups de sa rivale. Aussi quelques jours après la réunion, on trouve toujours une reine étendue sans vie, sous la ruche ou en avant.

Les réunions de fin d'année sont d'une grande importance pour la prospérité d'un rucher. Quand la campagne a été mauvaise, que faire de tant d'essaims et de ruches-mères qui n'ont pas suffisamment recueilli de butin pour l'avenir? Les supprimer en masse, ce serait quelquefois perdre la moitié d'un rucher. Tuer les uns pour nourrir les autres, ce serait encore un mauvais calcul; puisqu'il est bien constaté, d'une part, qu'une ruche bien peuplée ne mange guère plus en hiver qu'une autre beaucoup moins peuplée, et que, d'autre part, la supériorité de travail d'une ruche forte sur une faible est étonnante. Il ne faut donc jamais détruire les familles, mais les réunir, les agglomérer. Par cette réunion, il y aura d'abord économie de miel et ensuite augmentation de produit : les deux peuples fondus en un seul ne consommeront pas autant, et développeront bien plus leur industrie que s'ils étaient restés séparés.

Il n'y a pas d'époque déterminée pour opérer les réunions de fin d'année. On peut le faire dans les premiers jours d'août, après la récolte du miel, mais j'aimerais mieux attendre jusqu'à la dernière quinzaine d'octobre. Quelquefois les deux reines succombent dans la lutte, mais cet accident est rare et on ne doit pas en tenir compte. Du reste, on a toujours la ressource de faire au printemps une autre fusion.

164. Peuplade devant être réunie. — Quand on connaît les difficultés de nourrir les mouches en hiver ; quand on sait que les secours journellement prodigués aux ruches indigentes n'aboutissent ordinairement qu'à prolonger leur misère ; quand on est surtout convaincu de la supériorité du nombre dans l'association, sur les petits groupes dans l'isolement, on n'hésite jamais en automne à ne faire qu'un panier de deux paniers dont les propres ressources sont insuffisantes pour atteindre au 10 avril suivant. Ainsi donc, si la réunion a lieu en août, elle se fera pour les ruches qui n'auront pas 6 kilogrammes de miel ; et si elle est retardée jusqu'en octobre, elle ne comprendra plus que les paniers qui n'en auront pas 5 kilogrammes. Les essaims qui n'auraient pas tout-à-fait l'un ou l'autre poids peuvent à la rigueur rester seuls. Il faut que les deux ruches à réduire en une seule, possèdent ensemble 8 kilogrammes de miel en août et 7 en octobre. Les plus légères seront réunies aux plus lourdes. Quant à celles qui n'ont qu'une population minime avec 1ᵏ000 ou 1,500 grammes de miel, elles ne valent pas la peine qu'on s'en occupe beaucoup. J'aimerais mieux en secouer les abeilles et en démolir les gâteaux, comme je l'ai dit au sujet des réunions du printemps (74). On associe de préférence deux ruches voisines, quand même il leur manquerait quelque peu du poids exigé. Rien alors n'est dérangé dans les habitudes des abeilles, qui retrouvent leur place sans aucune difficulté.

Pour estimer la quantité de miel d'une ruche, voir l'article 146.

Toute ruche à trois hausses devra être réduite à deux avant de subir la réunion.

165. Réunion des ruches communes. — La réunion des ruches communes est facile. Voici comme on l'opère. Après avoir excité le bruissement dans les deux paniers qu'on veut associer, on renverse l'un à ciel ouvert et on place l'autre par-dessus; on calfeutre le tout avec soin, en laissant une seule porte entre les deux ruches et on termine par quelques bouffées de fumée. Les abeilles logées dans la ruche supérieure mangeront le miel du bas avant celui du haut, et au printemps on supprimera la ruche vide. On voit que l'opération est bien simple, seulement, elle exige une distribution convenable du rucher dont chaque étage doit être assez haut pour permettre la superposition des ruches. C'est une disposition qu'il est aussi facile que peu coûteux de donner aux ruchers auxquels elle manque.

Quelquefois la reine et le gros de la troupe se tiennent dans le bas; vous le constatez, au printemps, par la présence du couvain. Il faut alors supprimer la ruche du haut. Enfin, il y aura peut-être beaucoup de monde dans les deux paniers. Ne vous en inquiétez pas, et supprimez celui des deux qui n'a pas de couvain; les abeilles ne tarderont pas à l'abandonner pour se réunir à leur reine. Si elles y mettaient quelque lenteur, secouez-les, démolissez les gâteaux et enlevez le miel qui peut s'y trouver.

Ayez bien soin de ne pas laisser de vide entre les deux ruches. Rien que deux centimètres d'intervalle entre les gâteaux pourraient empêcher la réunion des deux familles. Chacune se tiendrait chez elle, et la première qui manquerait de vivres, périrait sans que vous pussiez vous en douter.

Puisque c'est la ruche du haut que l'on doit conserver au printemps, il faut, autant que possible, placer la moins âgée au-dessus de l'autre.

L'apiculteur qui aurait l'intention de transformer ses ruches communes en ruches à calotte ferait une ouverture de 6 à 8 centimètres au sommet de la ruche à supprimer, y établirait une plate-forme sur laquelle il poserait la ruche à conserver. Avant tout, il lirait attentivement les deux articles suivants et encore l'article 186.

166. Réunion des ruches à calotte. — Quand on a fait choix de deux ruches à calotte pour les réunir, on enlève la calotte de la ruche à supprimer, et on la remplace par la ruche à conserver. On laisse une porte à chaque ruche et on a bien soin que les mouches d'en bas puissent facilement communiquer avec celles d'en haut au moyen d'un petit gâteau. En provoquant le bruissement (204) avant et après la réunion, il y aura très-peu de victimes. Les choses resteront en cet état jusqu'aux derniers jours de mars. A cette époque, on supprimera la ruche inférieure. On fera bien de consulter l'article suivant.

Si, au moment de la réunion, il y a des abeilles dans la calotte que l'on supprime, on les secoue à terre comme nous l'avons dit pour les réunions du printemps (74).

167. Réunion des ruches à hausses. — Le premier panier qui se présente, est un essaim ; le second, une mère : associons-les, et, quoique l'essaim soit le plus léger, plaçons le par-dessus l'autre de la manière suivante.

Nous commençons par mettre l'essaim en état de bruissement ; nous passons ensuite à la mère, nous débouchons

le trou de son couvercle, et l'enfumons par cette ouverture
jusqu'à ce que les abeilles s'enfuient par la porte, nous
faisons passer un fil de fer entre la hausse supérieure et
le couvercle, que nous enlevons ; puis nous allons chercher l'essaim pour le placer par-dessus les gâteaux mis à
jour ; nous calfeutrons soigneusement les deux ruches en
laissant néanmoins entr'elles une petite porte pour trois
ou quatre abeilles de front. La porte de la ruche inférieure
reste ouverte telle qu'elle était auparavant. Ainsi, la ruche
doublée a deux entrées ; celle du bas et celle du haut.
Elle reste en cet état jusqu'au printemps. A cette époque
nous supprimons la ruche inférieure dans laquelle il n'y a
plus ni miel ni couvain. En effet, la porte du haut donnant
de l'air aux abeilles, celles-ci se sont tenues dans l'étage
supérieur, elles ont mangé d'abord le miel d'en bas ; ce
n'est que par les grands froids qu'elles ont entamé le
miel d'en haut.

Une recommandation bien importante, c'est de ne pas
laisser de vide entre les gâteaux des deux ruches : il faut
de toute nécessité que les abeilles puissent communiquer
facilement de l'une à l'autre. Nous plaçons donc, si le cas
l'exige, d'autres gâteaux entre les deux paniers ; ils servent
comme d'échelle pour monter ou descendre à volonté.

Il suffit que l'essaim ait environ 3 kilogrammes de miel
pour avoir la place d'en haut. S'il n'en avait que 2, par
exemple, il faudrait le réduire à sa hausse supérieure et le
mettre tout simplement par-dessus le couvercle de la
mère, en ne laissant d'autre porte que celle d'en bas.

Les deux ruches qui viennent ensuite sont deux mères :
nous élevons la plus pesante sur l'autre, en suivant exactement les mêmes prescriptions.

Les réunions ne doivent se faire que deux ou trois

heures avant la nuit, afin de prévenir le danger du pillage.

Quelquefois, au lieu d'enlever le couvercle de la ruche inférieure, je me contente de le déboucher et de placer l'autre ruche par-dessus, en laissant une petite ouverture au bas de cette dernière. Les abeilles se décident presque toujours à abandonner le bas pour se concentrer dans le haut. Cette seconde manière n'est pas aussi sûre que l'autre et ne doit être pratiquée qu'autant que la ruche supérieure peut, avec ses propres ressources, traverser les froids de l'hiver.

Il faut toujours enfumer convenablement les mouches et rendre en même temps leurs communications faciles. Par ce moyen les deux colonies s'abordent et se mêlent sans combat.

168. Les trois secrets de l'apiculture. — Beaucoup de miel produit une grande population et une grande population produit beaucoup de miel : le miel et la population réagissent donc l'un sur l'autre et deviennent tour à tour cause et effet. Les conséquences de ces deux principes nous conduiront aux trois secrets de l'apicul-culture.

D'abord, beaucoup de miel produit une grande population. Cette proposition est appuyée sur des faits incontestables.

Premier fait. Voici deux essaims : l'un est précoce et amasse dix kilogrammes de miel dans sa campagne ; il sera au printemps, sans aucun doute, un des meilleurs paniers du rucher ; l'autre, en sortant de la ruche-mère, est aussi peuplé que le premier, mais il est tardif et n'amasse que six kilogrammes de miel. Pensez-vous qu'au printemps il sera encore aussi peuplé que l'autre ? Non, il le sera beaucoup moins.

9

Second fait. Vous avez deux ruches très-fortes, très-lourdes en juillet; vous ne laissez à la première que bien juste ses provisions d'hiver; vous ne touchez pas à la seconde. Croyez-vous encore qu'au printemps la première aura autant d'habitants que la seconde? Détrompez-vous; la différence sera grande. C'est évidemment le miel qui a conservé la population de cette ruche, aussi bien que celle de l'essaim. Il faut donc en juillet laisser aux abeilles au-delà de leur nécessaire, si on veut les retrouver non décimées au printemps. C'est le premier secret.

Une grande population produit beaucoup de miel. Le prouver, ce serait vouloir discourir bien au long, pour apprendre que c'est le soleil qui répand la lumière et la chaleur sur la terre. Une nombreuse cité d'ouvrières produit énormément, tandis qu'un chétif atelier ne produit rien. Il faut donc agglomérer les petites communautés pour en faire de grandes; il faut donc à l'arrière-saison réunir deux-à-deux les ruches médiocres. C'est le deuxième secret.

Nous avons dit ailleurs (118) et nous répétons ici qu'un essaim fort amassera non pas deux fois, mais de trois à quatre fois autant qu'un autre essaim du même jour qui serait faible de moitié. Il faut donc encore doubler tous les essaims faibles ou tardifs. C'est le troisième secret.

Oui, les trois secrets de la véritable et bonne apiculture sont, premièrement, de laisser toujours aux ruches un superflu de 2 à 3 kilogrammes de miel; secondement, de réunir deux à deux en automne, dans les mauvaises années, toutes les ruches faibles ou légères; troisièmement, de doubler, au moment de l'essaimage, tous les essaims faibles ou tardifs.

Pour être mis en pratique, ces trois secrets n'exigent ni

science ni étude. Le bon sens et l'assiduité en tireront
plus de profit que des plus gros livres.

Je n'ai eu qu'une seule fois l'occasion de me repentir
d'avoir laissé trop de miel aux ruches. Les abeilles, en
1840, n'ont commencé à gagner du poids qu'en juin. Les
ruches les plus lourdes avaient élevé, en avril et en mai,
une immense quantité de bourdons qui ont mangé les provisions. Les plus légères en ont élevé peu et plus tard. Il
est arrivé de là que les ruches, qui étaient les moins lourdes
et les moins peuplées au printemps, valaient, en juillet,
les autres pour le poids et la population.

169. Soins aux ruches avant l'hiver. — Pour
les ruches l'hiver commence en octobre. C'est le moment
de les préparer à traverser la mauvaise saison. On aura
soin de les calfeutrer exactement, de veiller surtout à ce
que le couvercle des ruches à hausses soit hermétiquement
fermé. La moindre ouverture y établirait de bas en haut
un courant d'air meurtrier aux abeilles. Il faut de l'air en
hiver comme en été; il faut que les mouches aient toute
liberté de sortir et de rentrer; on ne fermera donc pas la
porte, mais j'aimerais qu'on la disposât de telle façon que
les souris ne pussent point y passer, et que cependant les
abeilles pussent facilement entraîner leurs morts au-dehors. Ainsi, une porte large de 4 à 5 centimètres et haute
de 9 millimètres me paraît très-convenable. Elle serait
peut-être encore plus commode si elle avait de 2 à 3 centimètres de largeur sur 16 millimètres de hauteur, mais
alors une pointe en fer couperait la hauteur en deux parties égales qui n'auraient plus chacune que 8 millimètres.
Avec cette disposition les mouches mortes n'obstrueraient
jamais le passage. (Fig. 4.)

170. Hivernage des ruches. — Il est généra-

lement reconnu que les ruches qui passent la mauvaise
saison en plein air souffrent moins que celles qui la passent
dans une chambre obscure et isolée. Dans les dernières,
chose étonnante, l'humidité et la mortalité sont plus grandes
des que dans les autres. On laissera donc les ruches en plein
air ; on se contentera de les garantir de la pluie. Quelques
personnes les enveloppent soigneusement pour l'hiver.
C'est un manteau qu'elles leur donnent contre le froid. Je
n'ai jamais eu cette attention ; cependant loin de la blâmer,
je la crois bonne surtout pour les ruches à faible population. Il est à craindre seulement que le manteau ne serve
de retraite aux mulots (177).

Des apiculteurs peu expérimentés placent des paillassons, des planches devant les ruches ; c'est une attention
désastreuse qui n'empêche pas les abeilles de sortir mais
qui ne leur permet plus de rentrer. Si vous tenez à vos
planches et paillassons mettez-les de façon que les mouches puissent, en revenant de leurs courses, voir et retrouver la porte de la maison.

Pendant l'hiver les ruches ne demandent que la tranquillité et le repos. Ne les inquiétez pas par des visites
importunes, contentez vous de voir de temps en temps si
les portes ne sont pas obstruées. Surtout pas de mouvements brusques ; les abeilles, qui sont sensibles aux
secousses les plus légères, s'agiteraient ; quelques-unes
se détacheraient en éclaireurs, et surprises par le froid, elles ne pourraient plus rejoindre le gros de la famille.

**171. Colonie bien conditionnée pour l'hi-
ver.** — Les ruches bien peuplées et fortement approvisionnées, traversent sans accident les hivers longs et rigoureux.
Les essaims de l'année, pourvu qu'ils aient des provisions

jusqu'au mois d'avril ne les craignent pas non plus. Mais les paniers à vieille cire, peu peuplés et dont les provisions sont disséminées, souffrent même dans un hiver ordinaire ; souvent ils perdent le quart ou la moitié de leur faible population.

Les abeilles, qui ont au-dessus de leurs têtes une bonne provision de miel, et qui, au-dessous, se trouvent à la proximité de l'air extérieur, sont dans les meilleures conditions pour passer l'hiver. Elles peuvent supporter les froids les plus longs et les plus rigoureux.

Ainsi une ruche jaugeant 25 litres, qui aurait un approvisionnement de dix kilogrammes de miel, se trouverait dans de très-bonnes conditions ; les mouches seraient comme enveloppées de miel, elles en auraient dans le haut et sur les côtés de leur habitation.

Les abeilles, pendant l'hiver, ne se tiennent pas entre les rayons pleins de miel, elles y périraient de froid ; elles se groupent au contraire entre les gâteaux vides ou à demi remplis du centre de la ruche ; il faut donc qu'il y ait au centre, assez de gâteaux sans miel pour loger toute la population qui, du reste, se resserre étonnamment pendant les froids.

172. Enterrement des ruches. — Dans ces derniers temps, on a fait grand bruit d'un mode d'hiverner les ruches, mode qui, disait-on, économisait les vivres et conservait les populations. Laissons parler M. Debeauvoys.

« Je dois signaler ici avec l'autorisation de son auteur, M. Antoine, apiculteur à Reims, la méthode qu'il emploie avec le plus grand succès depuis une douzaine d'années, pour la conservation des abeilles pendant l'hiver. »

« Vers le 15 novembre, M. Antoine creuse une fosse

de 70 centimètres de profondeur, sur une largeur et une longueur suffisantes pour recevoir vingt ruches si elles sont faibles, quatorze si elles sont d'une force moyenne, et huit seulement si elles sont fortes. Il pose les tabliers sur le fond de la fosse, met dessus chacun, deux madriers de 10 centimètres d'épaisseur pour supporter les ruches. Il les enveloppe bien de paille, les recouvre de vieilles planches, met toute la terre sortie du trou par-dessus. Il choisit le milieu d'un champ, nivelle la surface et sème dessus comme le reste du champ. Ce n'est que du 15 février au 15 mars qu'il les retire de cette captivité. »

« Cette méthode, pas assez connue, lui a valu une médaille d'argent que la Société impériale et centrale d'agriculture lui décerna en 1849, et une autre de la Société protectrice des animaux, de Paris, en 1850. »

« Il perd très-peu d'abeilles ; elles consomment moins, et la reine commence sa ponte bien plus tôt. »

Observations. — Une plante semée au 15 novembre et récoltée au 15 mars, à Reims,............. c'est hâtif.

Des abeilles qui font un demi-jeûne pendant quatre mois,...................... c'est économique.

Des abeilles qui répondent presque toutes à l'appel du maître,........................... c'est louable.

Une reine enterrée qui commence sa ponte bien plus tôt,........................... c'est merveilleux.

Deux médailles décernées par deux Sociétés compétentes,...................... c'est encourageant.

Malgré ces magnifiques résultats nous vous dirons encore, lecteur, *laissez vos ruches en plein air.* Oui, je connais des apiculteurs trop confiants qui ont fait une douloureuse expérience des caves et des silos.

A la sortie de l'hiver on remarque toujours, dans les

paniers placés près des murs d'un rucher couvert, plus d'humidité et de moisissure que dans les autres qui sont plus aérés; que doit il se passer dans une cave ou un silo?

Marchons vers le progrès, mais non à la façon de l'écrevisse.

173. Soins aux ruches pendant les neiges.
— Quelquefois dans nos contrées, les ruches se trouvent couvertes d'une couche de neige plus ou moins épaisse. On doit la balayer légèrement avec une brosse à long poil, sans oublier d'en débarrasser la porte. Mais lorsque la neige recouvre la terre et qu'il fait un beau soleil de février, on peut s'attendre à bien des soucis. Si on ferme les portes, les mouches feront des efforts inouïs pour sortir de leur prison, il en périra beaucoup; si au contraire, elles ont toute liberté, elles s'échapperont avec joie; mais après une course de quelques minutes, bon nombre d'entr'elles, fatiguées, refroidies, reviendront tomber sur la neige en avant du rucher, et une fois tombées ne se relèveront plus. Malgré les inconvénients de cette liberté, j'aime encore mieux la donner, mais alors, je répands sur une étendue de 4 à 5 mètres en avant du rucher de le paille clair-semée. Les abeilles s'y reposent et bientôt réchauffées par le soleil, elles reprennent leur vol pour rentrer dans la ruche. Le mieux serait peut-être de fermer les ruches momentanément et d'empêcher l'action du soleil en plaçant des planches ou des paillassons en avant.

ENNEMIS ET MALADIES DES ABEILLES.

174. Ennemis des abeilles en été. — *Moineau, pinson et rossignol.* Ces trois oiseaux sont accusés bien injustement d'en vouloir aux abeilles. Ils sont à la vérité très-friands des larves et des nymphes que les mouches rejettent de leur ruche, mais voilà tout leur crime.

Hirondelle. Je suis persuadé que l'hirondelle ne fait la chasse aux mouches-à-miel que faute de mieux, et que cela arrive rarement.

Grenouille et crapaud. Ces deux batraciens gobent, dit-on, toutes les abeilles qui passent à leur portée. Je le crois volontiers, mais malheureusement on n'y peut rien, si ce n'est de détruire avec soin les quelques crapauds qui auraient établi leur domicile près d'un rucher.

Les grosses araignées. Il faut les détruire ainsi que leurs toiles ou filets.

Guêpes et frelons. Les guêpes inquiètent plutôt les abeilles qu'elles ne leur nuisent. Les frelons sont plus dangereux, ils saisissent les abeilles et les dévorent dans un instant; heureusement qu'ils sont peu communs dans nos contrées.

La fourmi n'attaque que les ruches mal gardées, et dans un état complet de délabrement; c'est donc un avertissement qu'elle nous donne de démolir ces ruches.

Contrairement à ce que je viens de dire, on a vu, dans

les montagnes des Vosges, un rucher, composé de dix
ruches, détruit par les fourmis au milieu de l'été.

Le *sphinx atropos* ou papillon tête de mort est déclaré,
depuis 50 ans, voleur du butin des abeilles ; c'est Huber,
fils du célèbre naturaliste de ce nom, qui, sur le témoi-
gnage de *ses gens* et des *paysans* de sa localité, a porté
ce jugement contre le roi des papillons ; mais attendu que
depuis Huber personne n'a pu constater ses déprédations,
attendu que sa grosseur et sa conformation ne lui permettent guère de s'introduire entre les gâteaux, la justice exige
qu'on le réhabilite dans l'opinion et qu'on réforme l'arrêt
de sa condamnation.

La *libellule* ou demoiselle, la *philanthe*, la *chrysomèle*
sont accusées de se nourrir d'abeilles, elles ou leurs larves. Comme il est plus facile de dénoncer ces coupables
que de les saisir, nous n'en parlons que pour mémoire.

175 Poux des abeilles. — Cet insecte n'est pas
plus gros que la tête d'une petite épingle. Il se tient sur
le corselet ou entre le conselet et l'abdomen de l'abeille.
C'est son parasite ; il vit à ses dépens, il va, il vient d'une
mouche à une autre avec une étonnante facilité ; il a une
préférence marquée ponr la reine dont le corselet en est
parfois entièrement couvert. Les ouvrières n'en portent
qu'un ou deux au plus ; il est difficile de le saisir avec les
doigts, il faut de toutes petites pincettes.

Je ne sais si les poux nuisent beaucoup aux abeilles.
J'ignore également le moyen de les en garantir. Du reste,
il n'y a jamais qu'un très-petit nombre d'ouvrières atteintes de cette vermine.

Le 9 juillet 1859, ayant enlevé un chapeau plein de
miel à une ruche très-lourde et très-peuplée, j'y trouvai
la reine couverte de poux. Je la plongeai dans un verre

d'eau afin qu'en les asphyxiant un peu je pusse les saisir plus aisément. La reine sortit du bain très-vigoureuse, mais en la tenant toute mouillée entre les doigts, je bouchai probablement les organes respiratoires, car je la vis s'affaisser graduellement. Je la déposai sur une feuille de papier au soleil pour la sécher espérant la sauver, mais elle se mourait visiblement ; déjà je la croyais perdue, si je n'eusse remarqué chez elle des mouvements presque imperceptibles du ventre. Cet état d'agonie dura huit ou dix minutes. Bientôt elle remua les pattes de la dernière paire, puis les antennes, et enfin se releva complétement.

Je la rendis à sa famille après l'avoir délivrée de trente-deux poux dont plusieurs étaient blancs, les autres jaunes. Cette reine, née en 1857, était très-féconde, elle appartenait à une colonie qui depuis le printemps avait prospéré d'une manière merveilleuse. J'en attendais un essaim, mais il n'est pas venu ; ce sont peut-être les poux qui ont empêché la reine de sortir.

176 Fausse-teigne. — Le plus implacable ennemi des abeilles, la *fausse-teigne*, est une chenille d'un blanc sale, ayant la tête brune et écailleuse. Elle paraît au mois de mars. Déjà à cette époque, on voit, de grand matin, à l'entrée des ruches, des chenilles de teignes que les abeilles ont retirées pendant la nuit. Elles proviennent d'œufs qui ont été pondus avant l'hiver ; car le papillon ne commence ordinairement sa ponte que sur la fin d'avril, et on continue de le voir jusqu'au mois d'octobre.

Il faut aux chenilles de la fausse-teigne une température assez élevée pour prendre leur accroissement. Pendant l'hiver, on en voit de tout âge qui restent engourdies jusqu'à ce que la chaleur des parois intérieures de la ruche leur permettent de manger et de grandir.

La fausse-teigne aurait bientôt dévoré les édifices de nos ruches, si les mouches ne s'opposaient à ses ravages; et elle ne parvient à dominer que dans les ruches faibles ou sans reine. C'est surtout en septembre qu'on peut se faire une idée de ses dégâts. Après avoir mangé les gâteaux vides, elle s'attaque aux cellules pleines de miel; et comme elle n'en veut qu'à la cire, les cellules étant ouvertes et détruites, le miel coule, tombe sur le plateau, et mélangé avec les excréments de cette vermine, il forme une pâte sale et dégoûtante. J'ai vu des ruches où il ne restait pas un atome de cire; tout avait été dévoré dans le court espace de trois à quatre semaines.

Je suis d'avis que cette chenille a sa bonne part dans l'avortement de tant de larves et de nymphes que les abeilles rejettent de leur ruche dans le courant de l'été. La fausse-teigne se glisse et se faufile transversalement dans les cellules, et tout le couvain qui s'y trouve périt inévitablement. Elle est protégée dans sa course malfaisante par un tuyau de soie blanche dont elle s'enveloppe et qui forme sa galerie.

On remarque souvent, à l'automne et au printemps, des vides de 4 à 5 centimètres dans les gâteaux du bas des ruches; c'est encore à l'invasion de la fausse-teigne qu'il faut les attribuer.

Tout le monde connaît le papillon de cette chenille. Il est du genre des phalènes qui ne volent qu'à la lueur du crépuscule et du clair de la lune. Il porte des ailes couchées, d'un gris obscur, avec de petites taches noirâtres. Il reste immobile dans le lieu où le jour l'a surpris. On le voit souvent derrière et contre le corps des ruches.

C'est curieux de voir les précautions que prend la femelle de la fausse-teigne pour s'introduire dans les ruches et y déposer ses œufs. Quand elle ne peut surprendre la vigilance des gardes, elle cherche de petits trous qui communiquent avec l'intérieur de l'habitation ; elle allonge et amincit tellement sa partie postérieure qu'elle peut porter ses œufs assez loin par ces ouvertures. Les jeunes vers qui en éclosent, se nourrissent d'abord des parcelles de cire qui sont à leur portée, puis ils s'étendent dans les gâteaux voisins.

Je crois qu'en calfeutrant les ruches avec soin, on réussira, non pas à les préserver tout-à-fait de ces dangereux parasites, mais à en diminuer considérablement le nombre.

La cire en gâteaux récoltée au printemps, mais qu'on ne voudra façonner qu'en automne, devra être mise en sac et conservée à la cave, sans quoi elle deviendrait infailliblement la pâture de la fausse-teigne.

177. **Ennemis des abeilles en hiver.** — *La mésange et le pivert* se nourrissent d'abeilles quand ils n'ont rien de mieux. La mésange vient rôder autour des ruchers en octobre et en novembre, et mange le corselet des mouches mortes sur le plateau. Quand l'entrée des ruches est rétrécie comme elle doit l'être d'après ce que nous avons dit à l'article 169, je doute que, comme on l'a prétendu, la mésange puisse attirer au dehors les mouches du dedans. Cet oiseau me paraît donc peu dangereux. Mais le pivert est redoutable pour certains ruchers à proximité des forêts : il perce les paniers en paille et dévore toutes les abeilles qu'il peut atteindre. Heureusement qu'il n'attaque les ruches que lorsque la terre est couverte de neige. Mettre des épines autour des ruches, exposer en avant un morceau d'étoffe écarlate qui, agité par le vent, simule le feu ; voilà, avec les coups de fusil, tout ce que l'on peut faire contre le pivert.

La souris, le mulot, le campagnol et la musaraigne
sont généralement regardés comme ennemis des abeilles
en hiver. Voici notre avis à cet égard. Je n'ai jamais vu
de souris dans un rucher; elles habitent les maisons, elles
n'en sortent pas. Pour le mulot, c'est autre chose, il s'introduit dans les ruches; il y fait un nid de feuilles sèches, et là il trouve le vivre et le couvert; car il mange le
miel et le corselet des abeilles. Le mulot est très-facile à
reconnaître : il a la queue aussi longue que la souris, mais
il est plus gros, son poil est d'un beau blanc sous le ventre, et d'un roux brun sur le dos ; il est encore remarqua-
ble par ses yeux qu'il a gros et proéminents. Il se trouve
dans les champs en été ; en hiver, il vient manger dans les
caves la salade, les carottes, les pommes de terre; tout
lui convient. Le campagnol habite les champs, mais aussi
les prés. On en trouve quelquefois dans les caves en hiver; on le distingue du mulot par la grosseur de sa tête
et aussi par sa queue courte et tronquée qui n'a que 3
centimètres environ de longueur. Enfin, tout le monde reconnaît la musaraigne à sa petite taille, à sa queue courte
et à son museau de taupe. Ces deux derniers ne me paraissent guère plus dangereux que la souris.

On attire et on leurre aisément par des appâts ces quatre espèces de rongeurs. La farine et le maïs sont les
plus communs et les plus attrayants que je connaisse. On
croit généralement qu'ils sont friands de lard. Eh bien !
j'ai vu cent fois, la souris, le campagnol et la musaraigne
ne toucher que médiocrement au lard séché à la cheminée,
et périr de faim à côté de cet aliment. Le mulot est moins
difficile, il ne laisse rien. Cependant le lard me sert d'ap-
pât ; mais, auparavant, je le plonge dans la farine pour
l'en couvrir entièrement et tromper ainsi la gent malfaisante.

La fouine et le putois attaquent aussi les ruches ; mais c'est très-rare. La présence d'un chien près du rucher les éloigne infailliblement.

478. **Maladies des abeilles, dyssenterie.** — Les principales maladies qui affectent les abeilles sont la dyssenterie, la pourriture du couvain ou *loque* et la constipation.

D'abord la dyssenterie. Dans les conditions ordinaires, les abeilles ne laissent pas tomber leurs excréments dans la ruche, elles s'en débarrassent au dehors. On s'en aperçoit principalement à la fin de l'hiver, lorsqu'elles ont été retenues deux ou trois mois prisonnières par le froid ou la pluie. Elles ne ménagent alors ni les habits de ceux qui les fréquentent, ni le linge que les ménagères font sécher près du rucher. Cette évacuation est l'effet naturel d'un séjour prolongé dans la ruche, ce n'est point une maladie.

Mais on dit que les abeilles sont atteintes de dyssenterie, quand elles lâchent leurs excréments sur les parois et le plateau de la ruche, sur les rayons, sur leurs compagnes qu'elles engluent. Je n'ai eu qu'une seule fois l'occasion de voir cette maladie. Un de mes amis s'est avisé d'enlever à ses ruches une grande partie de leurs provisions d'hiver, en se promettant bien de leur rendre l'équivalent en miel de Bretagne. Il choisit le mois de novembre pour leur faire cette restitution. Le temps était froid et pluvieux. Les abeilles, après s'être gorgées de miel, s'échappèrent de la ruche : les unes tombèrent à terre, les autres purent se débarrasser dans les airs de leur trop plein, la terre était presque littéralement couverte de leur matière fécale, et l'intérieur de la ruche en était entièrement tapissée. Enfin, au printemps, il ne restait plus sur le rucher que des paniers faibles et malheureux.

Cette maladie atteint donc les populations mal approvisionnées que l'on nourrit pendant les temps froids.

Les colonies que l'on transporte au milieu de la bruyère
et du sarrasin y sont également sujettes ; c'est à tel
point que sur le même rucher on peut distinguer celles
qui ont voyagé de celles qui ont été sédentaires, les premières portent des traces visibles de dyssenterie.

L'honorable apiculteur qui m'a donné ce dernier rensei-
gnement, guérit les abeilles avec du miel délayé dans du
bon vin.

179. Loque ou pourriture du couvain. —
Quelquefois en septembre il m'est arrivé de voir, dans des
ruches faibles et mal approvisionnées, du couvain operculé dont le couvercle, au lieu d'être bombé, était concave, c'est-à-dire légèrement déprimé dans son centre ; ce
couvercle était percé d'un trou à y passer une épingle. En
ouvrant les cellules on y découvrait une matière ou puru-
lente ou desséchée. Ce couvain pourri occupait la partie
inférieure des rayons, d'où l'on peut conclure que la fraîcheur des nuits de septembre avait forcé les abeilles à se
grouper au haut de leur habitation et à abandonner leur
couvain. Voilà tout ce que je sais sur la pourriture. Mais
M. Lefèvre-Poucelet, apiculteur à Bergnicourt (Ardennes),
nous en apprendra davantage. S'adressant à M. Hamet,
directeur du journal *l'Apiculteur*, il lui dit : « J'ai recours
à vos lumières pour guérir une maladie qui menace de me
détruire une trentaine de jeunes ruches. Ces ruches sont
dans un état déplorable et attaquées de ce que nous appelons vulgairement *loque* (couvain sans tête, couvain mort).
Prévoyant que ces petites ruches n'avaient pas assez de
provisions pour passer l'hiver et arriver aux fleurs du
printemps prochain, j'avais cru bien faire de leur donner à

chacune une certaine dose de miel à l'arrière-saison (de 1857), je pensais ce moyen meilleur que de donner la nourriture au printemps. Mais faut-il supposer que cette abondance de nourriture a excité la ponte de la reine et aussi la chaleur de la ruche? Il s'en est donc suivi beaucoup de couvain qui a péri ensuite et est maintenant en putréfaction, qui gâte la cire et excite une grande mortalité dans la ruche. »

« Mais ce qu'il y a de plus déplorable et d'étonnant, c'est que le nouveau couvain menace aussi de périr avant sa parfaite et entière formation; il est déjà mort et se décompose, comme je m'en suis assuré... Un de mes confrères se trouve aussi dans le même cas; il a aussi nourri ses ruches à l'arrière-saison. »

« On nous dit que cette maladie peut se communiquer aux autres ruches, surtout si nous donnions du miel pris à ces ruches *loqueuses*, comme on les appelle. » (*L'apiculteur*, n° 6, mars 1858.)

Remarquons la circonstance où s'est produite la décomposition du couvain, c'est à la suite d'une nourriture donnée à contre temps.

Je suis persuadé que dans le cas de pourriture du couvain, il n'y a qu'une chose à faire, c'est de chasser les abeilles (71) ou de les asphyxier (205), afin de les réunir aux colonies voisines.

La chenille de la fausse-teigne n'attaque pas la cire brute où il y eu du couvain en putréfaction. Les abeilles ne doivent pas non plus s'en accommoder.

180. **La constipation et autres maladies.** — Parmi les abeilles qui périssent pendant l'hiver, on en voit qui sont remarquables par le gonflement de leur ventre. Ces abeilles sont mortes de constipation, elles ont trop

mangé, elles n'ont pu se débarrasser du trop plein. J'ai remarqué que leur nombre était plus grand que de coutume quand la température passait brusquement au froid.

Une nourriture donnée un peu chaude peut occasionner aussi la constipation chez quelques abeilles trop avides.

Enfin les populations faibles sont plus sujettes à cet accident que les fortes. Ce qui prouve une fois de plus qu'il ne faudrait jamais garder pour l'hiver que des colonies bien peuplées, bien approvisionnées, dût-on, en réunissant toutes celles qui ne sont pas dans de bonnes conditions, diminuer son rucher d'un quart ou même d'un tiers. Une ruche de bois ou de paille à parois épaisses, une bonne population, voilà les deux grands préservatifs de la constipation chez les abeilles.

Nous ne parlerons que pour mémoire de deux autres maladies des abeilles, du vertige et de *la fleur*, attendu qu'elles n'atteignent qu'un petit nombre d'individus et que l'homme n'y peut rien.

Les abeilles affectées de vertige ne peuvent plus voler; elles courent et tournent sur elles-mêmes jusqu'à ce qu'elles tombent épuisées.

La fleur est une espèce de houppe qui se forme sur le front et entre les antennes de l'abeille. On peut la détacher avec une épingle sans que l'abeille paraisse en souffrir.

La moisissure est plutôt une altération des gâteaux qu'une maladie des abeilles. En hiver, une ruche placée trop près du sol, dans un lieu humide ou peu aéré, y est très-exposée. On ne doit pas négliger au printemps d'extraire les gâteaux moisis.

TROISIÈME PARTIE.

MÉLANGES APICOLES,

---

181. Ruche. — La petite loge qui sert d'abri à une famille d'abeilles s'appelle ruche. Les abeilles sont indifférentes à la forme de leur loge, comme à la matière dont elle est composée, pourvu qu'elles y trouvent un abri convenable et un espace suffisant pour développer toute leur industrie : ce qui veut dire qu'elles amassent autant de miel dans une ruche simple et à bon marché, que dans une ruche compliquée et coûteuse, dans une ruche en bois que dans une ruche en paille.

Faciliter la récolte du miel, l'obtenir plus beau, prolonger l'existence de la famille par le renouvellement des édifices intérieurs, tel a été le but des recherches sur la meilleure des ruches. Malheureusement ceux qui se sont occupés de cette recherche ont été plus féconds en innovations qu'en améliorations. Je ne parlerai ici que des ruches qui ont reçu du temps et de l'expérience, le diplôme de capacité. Je ne connais que trois ruches qui aient obtenu cette faveur : la ruche commune, la ruche à calotte et la ruche à hausses.

La ruche à cadres mobiles de M. Debeauvoys, quoique médaillée 18 fois, n'obtiendra jamais la faveur populaire ; c'est une trop grande dame dont les frais de toilette ne sont pas du goût de tout le monde.

182. Ruche commune. — La ruche commune ne ment pas à son titre ; elle règne du nord au midi, de l'est à l'ouest de la France ; c'est elle qui la première a pris possession du sol, et elle ne paraît nullement disposée à renoncer à son droit d'aînesse.

Par ruche commune on désigne toute ruche en une seule pièce, quelles qu'en soient la matière et la forme. Elle est tantôt en paille et en osier, en viorne ou troëne. Celle en paille est terminée par un dôme plus ou moins aplati ; celle en petit bois est en forme de pain de sucre. Dans le midi, la ruche commune est formée du tronc creusé d'un gros arbre, ou de quelques planches assemblées en carré. La récolte du miel y est faite par le haut pendant l'été, et, à la fin de l'hiver, on enlève les rayons de la partie inférieure. Avec cette méthode, les rayons du centre ne sont jamais renouvelés.

L'homme de la campagne aime la ruche commune, il la trouve simple et commode, soit pour recueillir les essaims, soit pour récolter le miel à sa façon. Dans sa défiance pour les nouveautés, il répétera, et souvent avec raison, ce mot d'un paysan à un apiculteur écrivain qui l'engageait à adopter une ruche de son invention : *Je m'en garderai bien, M. N...., je n'aurais plus le plaisir de vous vendre du miel pour nourrir vos mouches.*

Les gens de la campagne ne veulent pas d'une ruche

compliquée, d'une ruche qui coûte cher, mais si on leur
indique le moyen d'améliorer celle qu'ils affectionnent, et
cela sans bourse délier, ils adopteront à la longue les améliorations qu'elle comporte.

183. Défaut de la ruche commune. — Le
grand défaut de la ruche commune, c'est d'être généralement trop petite. Dans nos contrées elle dépasse rarement
25 litres et souvent elle n'en jauge que de 16 à 20. La petite ruche au dessous de 20 litres est insuffisante pour
l'essaimage. Elle ne donne qu'un essaim tout ordinaire
qui souvent ne complète pas ses provisions et la mère
elle-même a bien de la peine à se refaire. La grande ruche de 25 litres ne suffit même pas, dans les bonnes années, pour emmagasiner la récolte d'une forte population.
Ainsi, plusieurs fois, j'ai vu beaucoup de mes ruches
atteindre le poids de 25 à 30 kilogrammes, tandis que les
ruches communes n'allaient qu'à 22 ou 23 au plus. Or,
comme elles étaient, du reste, dans les mêmes conditions,
on ne pouvait attribuer cette différence qu'à leur petitesse.
Quelquefois on voit les abeilles bâtir au-dessous des
ruches devenues insuffisantes à leurs travaux. On doit
bien regretter alors de ne pas y avoir ajouté des hausses,
car on perd ainsi beaucoup de miel.

On peut prendre du miel pour leur faire de la place,
dira-t-on. Oui, quand on le prend soi-même, on peut
choisir son temps pour le faire. Mais souvent on y emploie
un *mouchier*, qui soigne tous les ruchers d'un canton.
Cet homme, ordinairement peu rétribué, ne voudra ou ne
pourra pas toujours venir faire les visites nécessaires à
cette opération qui est tout éventuelle, et qui, par conséquent, n'entre pas dans les conditions de ses engagements.

184. Hausse de la montagne. — La ruche de

paille, en usage dans les montagnes des Vosges, est généralement petite; on l'augmente en y ajoutant une hausse
après l'essaimage. La hausse vosgienne est en bois, de
forme carrée, fermée par un plafond en planches minces,
où sont ménagées des ouvertures pour le passage des
abeilles. C'est en un mot un tiroir renversé sur lequel on
place la ruche. Elle jauge de 10 à 15 litres. Dans les bonnes
années, elle est pleine de miel et de couvain; la manière
dont on en fait la récolte est la plus désastreuse que je
connaisse : on l'enlève en septembre, on prend le miel,
on jette le couvain. Ce n'est pas tout, quand la hausse a
beaucoup de miel, c'est que la ruche en a beaucoup aussi.
Excepté quelques rayons du centre, tous les autres en
sont remplis; alors on extrait un quart ou un tiers du
miel de la ruche, puis on la remet à sa place, veuve de sa
hausse, veuve de plusieurs de ses rayons. Son immense
population n'a donc plus pour se loger que les quelques
gâteaux du centre où se trouve le couvain, car, nous l'a-
vons dit (171), les abeilles en hiver ne se tiennent ni dans
le vide ni entre le miel, elles y périraient de froid; elles
se groupent au contraire dans la partie inférieure des
rayons du centre où il n'y a pas de miel.

Il y a un moyen bien simple d'empêcher la formation
du couvain dans la hausse. En plaçant celle-ci, il faut boucher l'entrée de la ruche, mais la déboucher quelques
jours après quand on voit la population s'établir dans la
hausse et y construire quelques portions de gâteaux. La
reine ayant alors de l'air par le haut ne pondra plus que
dans la ruche et abandonnera la hausse aux abeilles pour
y emmagasiner le miel.

185. **Hausse de la plaine.** — Quelques apiculteurs de nos contrées agrandissent leurs ruches au moyen

d'une hausse en paille et sans plafond. Les abeilles peuvent y prolonger leurs gâteaux sans obstacle. On récolte les rayons latéraux de la hausse et de la ruche, et, au mois de mars, on supprime la hausse, afin, en diminuant la capacité de la ruche, de favoriser l'essaimage. Cette hausse est incontestablement préférable à celle de la montagne, car ainsi on ne détruit plus le couvain et les abeilles ont de la place pour se loger en hiver. Cependant elle a encore un désavantage sur la calotte; puisque celle-ci se place, s'enlève et se récolte sans déranger la ruche, sans danger de pillage, et, pour toutes ces opérations, elle exige bien moins de temps et de peine que la hausse.

Nos apiculteurs qui ne font pas usage de la hausse, et c'est le plus grand nombre, doivent l'adopter mais de préférence la calotte sous peine de perdre beaucoup de miel.

186 Calotte substituée à la hausse. — Si l'apiculteur vosgien pratiquait au sommet de sa ruche une ouverture de six à huit centimètres, et si au lieu de mettre une hausse par-dessous, il la plaçait par-dessus, c'est-à-dire s'il donnait à sa ruche une première et au besoin une seconde calotte, il ne sacrifierait pas le couvain, cette semence précieuse; il n'enlèverait pas les rayons de l'intérieur de la ruche, et les abeilles, plaçant de préférence le miel dans la calotte et le couvain dans la ruche, trouveraient à se loger dans cette dernière amplement et commodément.

Rien n'est plus facile que de disposer une ruche commune à recevoir une calotte. Il suffit de pratiquer à son sommet une ouverture de six à huit centimètres de diamètre. Consultez pour faire cette ouverture l'article 194. Si la ruche n'est que légèrement bombée elle peut recevoir la calotte sans autre soin que celui de calfeutrer les joints entre la ruche et la calotte. Mais si elle se termine en pointe, on ne peut y placer la calotte qu'à l'aide du plateau qui nous a servi au printemps pour nourrir les abeilles (61). Ce plateau percé sera comme une plate-forme qui nivellera le sommet de la ruche. Lisez attentivement l'article 188.

187. Grande ruche commune. — Il y a des apiculteurs qui, ne voulant ni de la hausse ni de la calotte, ont adopté une ruche de grande dimension jaugeant environ de 30 à 35 litres, et ayant un diamètre intérieur de 42 à 44 centimètres. Cette ruche n'est pas à dédaigner, elle n'essaime pas aussi volontiers que les autres, mais donnant de gros essaims, elle conserve un rucher mieux et plus longtemps. Ce serait folie que de loger de petits essaims dans de pareilles ruches. La grande ruche commune est celle que je recommanderais à ceux qui ne voudraient ni de la ruche à calotte ni de la ruche à hausses, mais qui auraient la pratique des essaims artificiels. A défaut de l'essaimage naturel, ils auraient la ressource de l'essaimage artificiel.

188. Ruche à calotte. — Toute ruche en paille ou en bois, ayant une ouverture dans sa partie supérieure et façonnée de telle sorte qu'elle puisse recevoir un vase d'une certaine capacité, peut s'appeler ruche à calotte. Ainsi la ruche carrée du Midi sera une ruche à calotte du moment qu'on aura pratiqué une ouverture dans le plafond qui est plat. La ruche commune en paille, à dôme peu élevé et percé d'un trou, est encore une ruche à calotte.

Les dimensions d'une ruche à calotte ne sont pas arbitraires, on ne peut guère les augmenter ou les diminuer. Elles ont leur raison d'être dans les mœurs des abeilles. Si la ruche est trop petite, les abeilles y placeront le couvain et emmagasineront dans la calotte, aussi bien leur miel de provision que celui d'excédant, ce qui est un grand inconvénient. Si elle est trop grande, le couvain et le miel s'y trouveront réunis, la calotte n'aura rien. Néanmoins, quoi qu'on fasse, il arrivera encore parfois qu'il y aura trop ou trop peu de miel dans la ruche. La ruche normande à calotte est celle dont la forme et les dimensions sont les plus convenables. Elle est en paille, ayant un diamètre intérieur de 33 centimètres sur une hauteur de 28 à 30. La partie supérieure en forme de dôme, légèrement bombée, est percée d'un trou de 6 à 8 centimètres de diamètre. Le dôme, disons-nous, est peu élevé (de 2 à 4 centimètres), autrement il entrerait dans la calotte.

La calotte, qui s'appelle encore selon les pays, ruchette, corbillon, chapiteau, est ordinairement en paille, quelquefois en vannerie, en tonnellerie. On peut aussi en employer en terre cuite, en faïence ou en verre. Voyez les figures 5 et 6.

La calotte sera plutôt petite que grande; elle ne devra jauger que de 4 à 8 litres, sauf à récolter plusieurs fois dans les années d'abondance. Les abeilles pourront loger au moins 7 kilogrammes de miel dans une calotte de 8 litres.

La ruche à calotte donne un miel de choix, sans dérangement sensible pour les mouches, sans crainte de pillage. C'est moins une peine qu'un plaisir que d'en faire la récolte. Elle se prête assez bien aux réunions des populations faibles en permettant de placer deux ruches l'une sur l'autre. Mais elle a, comme la ruche commune, le grand défaut de ne pouvoir renouveler les vieilles constructions.

Il est impossible d'établir une règle fixe pour le placement de la calotte. Si l'on veut du miel et peu d'essaims, on calottera les ruches fortes dans les premiers jours de mai ; si au contraire on désire des essaims, on ne calottera qu'à la fin de l'essaimage. Cependant il y a parfois des ruches, pleines de miel et regorgeant de population, qui n'essaiment pas ; pour celles-là, sous peine de perdre beaucoup de miel, il faut leur donner de l'espace.

En plaçant la calotte, on n'oubliera pas d'y fixer une *greffe*, c'est-à-dire un petit rayon qui sera maintenu au sommet de la calotte et qui descendra jusqu'au niveau des rayons supérieurs de la ruche. Un petit bâton de la grosseur du doigt peut également servir. A l'aide de cette échelle, les abeilles, aussitôt qu'elles en sentiront le besoin, monteront et construiront dans la calotte. Nous nous sommes déjà servis de la *greffe* dans les articles 77, 78 et 130, pour inviter les abeilles à monter plus vite dans le chapeau ou calotte de la ruche à hausses.

189. **Ruche à hausses.** — La ruche à hausses, en bois, est composée de plusieurs cadres posés les uns sur les autres. Une couverture plate de même matière les ferme par le haut. On pratique dans le milieu de cette couverture un trou circulaire de 6 à 8 centimètres afin de pouvoir placer une calotte sur la ruche. Il n'y a pas de séparation entre les cadres, c'est tout simplement une ruche carrée où l'on place des baguettes pour servir d'appui aux gâteaux, comme dans les ruches communes. Tous les cadres doivent avoir la même dimension. Si je me servais de cette ruche, chaque cadre aurait intérieurement 9 ou 10 centimètres de hauteur sur 30 de largeur et de longueur. On maintient les cadres au moyen de pitons et de crochets.

La ruche à hausses, en paille, est composée de plusieurs cercles superposés, ayant chacun 10 ou 11 centimètres de hauteur et 33 de diamètre dans œuvre. Un couvercle très-

10

légèrement bombé, également en paille, recouvre le cercle ou hausse supérieure. Il n'y a aucune séparation entre les hausses. La ruche à trois hausses jauge 27 litres environ, c'est suffisant dans la plupart des cas. Celle à deux hausses suffit même pour loger un essaim ordinaire. Chez plusieurs apiculteurs, chaque hausse a un plafond percé de trous pour communiquer de l'une à l'autre. Une telle disposition fait de cette ruche la plus vicieuse de toutes. Elle est très-nuisible aux abeilles pendant l'hiver : souvent le froid ne leur permet pas de franchir l'intervalle que chaque plafond établit entre les gâteaux, et lorsque le miel d'en bas est épuisé, les mouches périssent de faim et de froid à côté de l'abondance. Je me sers de la ruche à hausses en paille. (Fig. 7.)

190. **Avantages de la ruche à hausses.** — La ruche à hausses est celle qui s'accommode le mieux à toutes les combinaisons de l'apiculteur. Ayant une ouverture dans sa partie supérieure presque plate, elle peut recevoir une calotte. Composée de plusieurs pièces, elle est susceptible d'être augmentée ou diminuée selon les circonstances. Avec elle, la réunion des populations faibles, point essentiel en apiculture, n'est plus qu'un jeu d'enfant. Avec elle, les essaims forcés se font comme l'on veut, par transvasement ou par séparation. C'est la ruche par excellence pour renouveler les vieux édifices si nuisibles aux abeilles. Enfin elle ne coûte que 25 ou 30 centimes de plus que les autres ruches.

La ruche à hausses, demandant plus de petits soins que les autres, ne sera jamais du goût des gens insoucieux, mais elle sera la ruche préférée de l'apiculteur intelligent et soigneux. Cependant et précisément à cause des soins dont je viens de parler, je conseillerai la ruche à calotte aux grands apiculteurs tels qu'il en existe en Champagne, en Normandie et même en Lorraine.

Le seul reproche qu'on ait fait à cette ruche, c'est qu'en hiver les vapeurs, s'élevant du foyer des abeilles, se condensent au plafond pour retomber en gouttes d'eau sur les mouches. A ce reproche peu fondé nous opposerons deux faits que chacun pourra vérifier aisément.

D'abord, si pendant de grands froids, on soulève une ruche bien peuplée, on en voit les parois latérales tapissées de givre, tandis que le plafond en est exempt ; ensuite quelque attention que j'y misse, je n'ai jamais vu une mortalité plus grande dans les ruches plates que dans les ruches bombées. Il est vrai que souvent les populations faibles souffrent beaucoup en hiver, mais elles souffrent autant dans les ruches en cloches que dans les autres. La vétusté des gâteaux est presque toujours la véritable cause des accidents dont ces populations sont victimes.

191. Calotte de la ruche à hausses. — J'ai encore à mon usage une petite ruche composée seulement d'une hausse et d'un couvercle, en tout semblables aux hausses et aux couvercles dont je viens de parler. Cette petite ruche, je l'appelle *chapeau*. Elle fait office de calotte, on la place sur les ruches, on y récolte un miel magnifique ; elle sert à renouveler les vieux paniers ou à former des essaims artificiels. Enfin, elle est d'un grand usage dans ma pratique. Ce chapeau peut devenir ruche en y ajoutant une ou deux hausses, comme une ruche peut être réduite à l'état de chapeau en ne lui laissant qu'une hausse. Ainsi, toute la différence entre la ruche et le chapeau, c'est que celui-ci n'est composé que d'une hausse et d'un couvercle, tandis que la ruche est formée de deux hausses au moins et d'un couvercle.

192. Détails sur les hausses. — Placez dans
chaque hausse deux baguettes de la grosseur du doigt
parallèlement et de façon à partager le diamètre en trois
parties égales, fixez-les dans le cordon supérieur. Ces baguettes sont nécessaires pour soutenir et consolider tout
l'édifice. Aussi gardez-vous bien de les oublier quand
vous ajoutez une hausse vide à une ruche pleine ou à un
chapeau; et faites attention de placer la hausse de telle
sorte que les baguettes croisent les gâteaux. Au moyen de
cette petite précaution, vous pourrez séparer, par le fil de
fer et sans accident, le couvercle d'avec la hausse supérieure (167) et celle-ci d'avec les suivantes (153).

Il ne faut pas mettre de baguettes dans les chapeaux
destinés à recevoir le superflu des abeilles : on ne pourrait pas en retirer intacts ces beaux rayons de miel dont
l'apiculteur est si fier (152).

Chaque hausse ne dépassera pas 11 centimètres en
hauteur, sur 33 en diamètre intérieur, et cela pour deux
raisons majeures : d'abord, des hausses de cette dimension donnent de 6 à 7 kilogrammes de miel net, c'est la
récolte d'un bon panier dans une année ordinaire, encore
faut-il qu'il n'ait pas essaimé; ensuite si elles étaient plus
hautes, on pourrait rarement retrancher la hausse du bas
sans nuire au couvain (56). Je conseillerais d'en diminuer
la hauteur plutôt que de l'augmenter.

On comprend que les hausses doivent avoir toutes le
même diamètre, afin de pouvoir s'adapter les unes aux
autres.

Mes ruches à deux hausses pèsent 2 kilogrammes
500 grammes. Les quatre cordons, qui forment la hauteur
d'une hausse, ont chacun un diamètre de 26 à 27 milli-

mètres. Je donne ces petits détails pour la gouverne des amateurs.

Un second cordon en paille devra reborder extérieure- ment le cordon supérieur de chaque hausse. Il servira d'appui au pourget, il aidera à lier le couvercle à la hausse supérieure et celle-ci à la suivante. L'assemblage du cou- vercle et des hausses se fera plus vite, si, au lieu de fi- celle, on se sert de pointes de fer. Trois pointes suffisent pour chaque assemblage. Les joints seront calfeutrés avec de la bouse fraiche (196). Ce pourget, sans le secours des pointes, peut à lui seul consolider la ruche, à la condition de ne pas la manier trop rudement.

Il est tout-à-fait inutile d'employer les pointes lorsqu'il s'agit seulement d'ajouter une hausse vide à une ruche pleine. Le pourget seul remplira le double office de liga- ture et d'enduit. (Fig. 8.)

193. Couvercle de la ruche à hausses. — Le couvercle qui ferme la ruche à hausses est tout simple- ment un cordon de paille roulé sur lui-même. Il doit re- couvrir entièrement la hausse et le rebord extérieur; il aura donc, en diamètre, environ 44 centimètres. L'ouvrier ménagera dans le centre une ouverture de 8 centimètres de diamètre, qu'on bouche soit avec une planchette, soit avec une plaque de tôle pointée dans les cordons, soit avec une petite pièce de flanelle ou de vieux drap également fixée avec de petites pointes.

On recommandera à l'ouvrier de faire le couvercle un peu bombé. Sous le poids du miel et du couvain, la convexité du couvercle aura bientôt disparu pour faire place à une surface plane.

194. Transformer la ruche commune en ru- che à hausses. — Cet article ne concerne que les personnes qui voudront remplacer la ruche commune par la ruche à hausses. Cette transformation, qui ne devra s'opérer qu'avec des ruches à vieux gâteaux, est d'une exécution facile.

Au mois de mars, après avoir enfumé les abeilles, on raccourcit les gâteaux de huit à dix centimètres, on passe ensuite un couteau bien aiguisé dans le milieu du cordon qui se trouve au niveau des gâteaux conservés, les liens étant coupés, la partie inférieure de la ruche tombe, on remet celle-ci à sa place et puis on la calfeutre soigneusement. Pour cette première opération, il faut choisir une belle journée, un beau soleil de mars. La seconde opération est aussi facile que la première. Dans les premiers jours de mai, on enlève la ruche avec son plateau et on la pose à terre. On bouche la porte pour empêcher les abeilles de sortir; on passe ensuite le couteau dans un cordon suffisamment éloigné du sommet de la ruche pour y pratiquer une ouverture circulaire de 6 à 8 centimètres environ; avec la pointe du couteau on détache avec précaution, et on enlève la portion coupée, et de suite on recouvre la ruche d'un chapeau vide (191). Quand celui-ci est plein aux trois quarts, on place une hausse par-dessous. Tout le reste se passe comme nous l'avons dit à l'article 77.

On comprend qu'en retranchant les trois ou quatre cordons inférieurs de la ruche, on en diminue la capacité, et qu'on force ainsi les abeilles à bâtir dans le chapeau. Le plateau percé, qui nous a servi pour nourrir les mouches (61), peut encore trouver ici sa place. Mettez-le sur le sommet de la ruche, et posez le chapeau par-dessus, de cette façon, le dessus du plateau se nivellera avec

le haut de la ruche, laquelle, sans cette précaution, pourrait s'emboîter dans le chapeau.

Observation. — Quand les ruches ont à leur sommet
une poignée en bois qui se prolonge dans l'intérieur, il
faut d'abord scier la partie saillante de cette poignée, puis
seulement enlever la calotte du sommet.

Avant de travailler sur une ruche pleine, on fera bien
de s'exercer sur une ruche vide et sans valeur.

195. Plateau ou tablier des ruches. (Fig. 9.)
— Je prends pour le faire deux planches de 40 à 45 centimètres de largeur et autant de longueur ; je les assem-
ble et les pointe à chaque bout sur deux lattes plus longues que le plateau ; de 10 à 12 centimètres, de manière
à le déborder d'autant sur le devant, je retranche en
dessus, moitié de l'épaisseur des lattes, de A en B, je
pointe en dessus une planchette A′ B′ A′ B′, qui remplit
l'échancrure des lattes ; j'ai ainsi une banquette qui s'a-
vance sous le plateau de 3 à 4 centimètres, et qui se nivelle en dessus avec le bas de la rampe d'entrée G G. La
porte ou rampe d'entrée sera large de 7 centimètres ; elle
aura pour hauteur l'épaisseur même des planches. Elle
se prolongera en pente douce, depuis G G jusque H H,
où elle se nivellera avec le dessus du plateau. Au-dessus
de la porte de D en E, on pointera une lame de tôle large
seulement de 2 centimètres. Cette lame est nécessaire
pour les ruches en paille ; elle ne permet pas au *mulot*
d'en ronger le cordon inférieur. On agrandit et on rétrécit
la porte à volonté au moyen de la plaque en tôle (fig. 4).
On fixe cette plaque en avant de la porte avec deux pointes qui s'enfoncent et qui prennent leur point d'appui dans
le cordon inférieur de la ruche.

Le plateau doit être incliné sur le devant, pour faciliter

l'écoulement des gouttes d'eau qui sort des ruches particulièrement en hiver, et afin que les abeilles aient moins de peine à traîner au-dehors, les mouches mortes et autres matières malpropres. Pour établir cette inclinaison, on élève la poutrelle de derrière de 15 millimètres plus haut que celle du devant.

196. Pourget. — On appelle *pourget* toute matière dont on se sert pour calfeutrer les ruches. De la bouse fraîche sans mélange, est le pourget le plus commun. Elle bouche et colle bien, mais elle a l'inconvénient de se retirer en séchant, et de laisser des interstices. Un mélange de trois parties de bouse et d'une partie de sable fin, est un excellent pourget qui bouche et colle tout aussi bien, sans avoir l'inconvénient du retrait. Je m'en sers pour calfeutrer les ruches à hausses. Mais celui dont je fais habituellement usage, pour calfeutrer le bas des ruches, est composé, en parties égales, de sable fin et d'argile tamisée. J'ai toujours provision d'argile et de sable au rucher; il ne faut qu'un instant pour composer cette espèce de mortier qui bouche parfaitement, mais qui ne colle pas.

On comprend que les proportions indiquées ne sont pas rigoureuses, et qu'on n'est pas obligé de s'y astreindre avec grande exactitude.

De petites bandelettes d'un tissu quelconque, du coton en laine, de l'étoupe, tout cela est très-convenable pour bien calfeutrer les ruches, plus convenable peut-être que la matière dont nous avons parlé en premier lieu.

197. Rucher, son exposition. — Le rucher est un petit bâtiment dans lequel on place des mouches-à-miel. Un rucher n'est pas absolument nécessaire pour le succès de l'éducation des abeilles. On peut laisser les ruches en plein air; mais dans ce cas, il faut un mur ou une haie qui les abrite du côté du nord; il faut aussi qu'elles soient préservées, par de bons surtouts, de la pluie et de la trop grande ardeur du soleil.

Cependant un rucher est très-utile : il permet de gouverner les abeilles avec plus de facilité, de les visiter sans occasionner de dérangement. Des ruches à couvert sont plus en sûreté, elles exigent moins de soins et d'attention que celles qui sont en plein air et exposées aux intempéries et aux vicissitudes des saisons. Enfin, il y a certaines circonstances de localité où un rucher peut être construit avec moins de dépense qu'il n'en faudrait pour des surtouts et autres accessoires qu'on est obligé de renouveler souvent.

La disposition du rucher n'est pas chose indifférente pour la bonne administration des abeilles. Tel rucher, dont la distribution permettra de placer et de réunir deux ruches l'une sur l'autre (150), aura certainement plus de chances de succès que tel autre où les réunions ne pourront avoir lieu faute d'espace (165). Le rucher devra donc être construit à deux étages seulement. Le premier sera à 20 centimètres au-dessus du sol, le second, à 95 centimètres au-dessus du premier, et à égale distance de la toiture. Ainsi, la partie de la toiture placée perpendiculairement au-dessus des ruches, aura 2 mètres 10 centimètres au-dessus du sol. Avec des étages ainsi distancés, on pourra, dans les années favorables aux essaims, mettre provisoirement un rang de ruches, soit sur celles du premier étage, soit sur celles du second.

A chaque étage, il y aura dans le sens de la longueur du rucher, deux poutrelles de 10 centimètres d'équarrissage, parallèles et distantes l'une de l'autre de 30 centimètres. Ces poutrelles, devant servir de chantier pour supporter les plateaux et les ruches, seront soutenues par des points d'appui dans leur milieu.

Le rucher sera beaucoup plus commode, s'il a assez de profondeur pour permettre de former derrière les ruches une allée d'un mètre de large, qui donnera la facilité de les visiter à toute heure, sans troubler les mouches et sans en être inquiété.

Un rucher ayant 6 mètres de longueur intérieure pourra loger facilement 12 paniers sur chacun de ses étages.

L'exposition du sud-est paraît être la meilleure, parce qu'elle abrite mieux qu'aucune autre contre les pluies, les orages et le soleil trop ardent. On peut également choisir l'exposition du sud, mais à la condition de faire avancer un peu plus la toiture. Celle du levant est trop froide, elle serait meurtrière, en hiver et surtout au printemps. Autant que possible, placez votre rucher dans un lieu abrité de la bise, par un coteau, des arbres ou un mur de quelques mètres de hauteur. Le voisinage d'une grande étendue d'eau, lac, étang ou rivière, surtout si les vents violents de la localité portent habituellement du rucher vers ces eaux; le voisinage d'une route, celui de maisons trop élevées, toutes ces circonstances peuvent nuire à la prospérité d'un rucher : en effet, les abeilles peuvent être entraînées ou repoussées par le vent au-dessus des eaux, où elles finissent par s'abattre et périr ; le bruit et l'ébranlement d'une voiture les inquiètent; des maisons hautes et rapprochées les gênent au départ et à l'arrivée.

Le sol qui est devant un rucher doit être uni et toujours bien sarclé à une distance d'au moins un mètre ; car si une abeille s'y abat par le vent ou par la fatigue, les moindres herbages pourraient l'empêcher de se relever. Il faut éviter aussi de planter trop près, sur le devant, des buissons, des fleurs ou des légumes à hautes tiges, qui gêneraient le vol des abeilles, et surtout celui des reines quand elles sortent; soit pour conduire un essaim, soit pour être fécondées.

198. Rucher économique. — Le rucher se fait en forme d'appentis (bâtiment qui n'a de pente que d'un côté). Voici un mode de construction très-économique. Lorsqu'on peut établir un rucher contre un bâtiment et dans une bonne exposition, on commence par faire dans un mur, des trous distants de 60 centimètres les uns des autres à hauteur de 2 mètres 50 centimètres environ; on enfonce dans la terre, à 17 décimètres en avant du mur, deux poteaux en chêne; une sablière ou poutre de toute la longueur du rucher est attachée sur la hauteur des poteaux par des mortaises; des chevrons de traverse entrent par un bout dans les trous du mur, l'autre bout est appuyé par devant sur la sablière; on établit sur ces chevrons, un toit en chaume ou en tuiles; les côtés seront fermés par un grossier clayonnage qu'on enduira d'un torchis d'argile, ou qu'on revêtira de mousse.

Un mur de jardin peut très-bien convenir pour appuyer un rucher. La toiture aura sa pente par derrière ou par devant, selon la hauteur du mur ou la disposition des lieux. Mais si la gouttière se trouve par derrière, la toiture devra déborder beaucoup plus sur le devant, afin de mettre les ruches mieux à l'abri de la pluie, et de la trop grande ardeur du soleil.

199. Toiture très-économique. — La toiture que l'on propose ici est aussi économique que durable et peut être construite par tout le monde.

On découpe dans une planche trois panneaux ayant la forme et les dimensions de la figure ci-après :

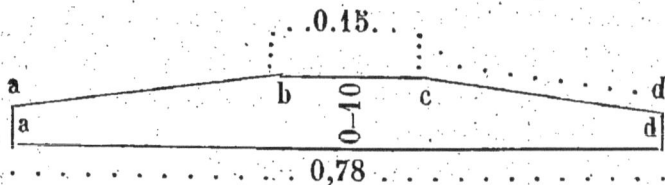

Ces panneaux sont posés de champ à 1 mètre de distance l'un de l'autre et réunis par deux planches ayant chacune 32 centimètres de large et 2 mètres de longueur, et clouées l'une de *a* en *b*, l'autre de *c* en *d* : l'intervalle *b c* de 15 centimètres, qui existe entre les deux planches, sera recouvert par des tuiles faîtières. On forme ainsi une carcasse couverte de 2 mètres de longueur et 78 centimètres de largeur que l'on pose simplement sur les ruches : son propre poids et celui des tuiles faîtières lui permettent de résister aux coups de vent. Le prix de cette toiture, qui peut abriter quatre ruches, ne dépassera pas 3 fr. 50 c., y compris une couche de goudron pour la conservation des planches ; eu égard à sa durée, cette toiture est plus économique que les surtouts de paille dont on couvre les ruches dans une grande partie de la France.

MÉLANGES APICOLES.

200. Conduire les abeilles aux pâturages. —
Dans nos contrées, les abeilles ordinairement ne trouvent
plus rien à récolter à partir de la seconde moitié de juillet. Il serait bien avantageux de pouvoir leur fournir des
fleurs pour les derniers mois de la belle saison. J'ai toujours envié le sort des propriétaires de ruches qui se trouvent à proximité des pays de bruyère ou de sarrasin.
Quand le temps est favorable en juillet et en août, les
abeilles y amassent énormément de miel.

Le danger qu'il y aurait à transporter les ruches par les
grandes chaleurs, est la seule objection qu'on puisse faire :
on craint l'étouffement des mouches, on craint la chute et
l'affaissement des gâteaux.

Si l'on sait multiplier les baguettes d'appui dans l'intérieur des ruches, si l'on a soin de les placer en bas, en
haut et de façon qu'elles croisent les gâteaux; ceux-ci ne
tomberont pas, c'est certain. Si les paniers sont enveloppés d'une serpillière (toile grosse et claire), l'étouffement
n'est point à craindre.

En observant ces conditions et en voyageant la nuit, on
peut sans inquiétude, transporter ses ruches par voiture
ou par chemin de fer; les accidents, s'il en arrive, seront
rares (209).

201. Avantage à détruire les bourdons. —
Je pense qu'on obtiendrait des résultats satisfaisants, si
l'on détruisait les bourbons d'une ruche quelques jours
après qu'elle aurait essaimé. Il faudrait aussi retrancher
les grandes cellules à couvain ; il resterait encore assez de
mâles soit dans la colonie même, soit dans les autres pour
féconder les reines à naître.

Plusieurs fois j'ai comparé le produit d'un essaim forcé
avec celui d'un essaim naturel de même force, ce dernier
en septembre avait toujours plus de miel que le premier ;
on le comprend facilement ; l'essaim forcé qui a conservé
la place de la mère en a conservé aussi les bourdons, tandis que l'essaim naturel n'entraîne à sa suite qu'un petit
nombre de mâles. N'oubliez pas que le nombre des bourdons s'élève quelquefois à plus de deux mille, vous aurez
alors une idée de leur consommation pendant six semaines ou deux mois. Voyez l'article 15.

202. Bourdonnière. — Afin d'épargner du temps
et des frais d'imagination aux apiculteurs qui voudront
étudier la question des bourdons, je vais décrire un piége
qu'ils pourront utiliser pour les détruire.

Dispositions préparatoires. Ayez une hausse en bois de
6 centimètres seulement de hauteur, couvrez-la entièrement d'une planche mince, au centre de celle-ci pratiquez
une ouverture de 15 centimètres en tous sens, sur cette
ouverture, adaptez une toile métallique dont les mailles
aient 5 millimètres un quart d'ouverture, de manière que
les mouches, mais non les bourdons puissent y passer.
(Figure 10.) Sur cette hausse ainsi disposée, placez la ruche dont vous voulez détruire les bourdons, en adaptant à
son entrée le petit appareil suivant: (Figure 11.)

Prenez une petite planchette longue de 73 millimètres,

large de 16, épaisse de 8; pointez à ses deux extrémités deux liteaux de 5 millimètres un quart d'équarrissage. Sa longueur entre les deux liteaux sera donc de 63 millimètres. Divisez le dessous de ce petit banc en trois parties égales de 21 millimètres, enlevez de la partie du milieu une épaisseur de 1 millimètre et demi; ajustez cette sorte de petit banc devant l'entrée de la ruche, de manière que rien ne puisse passer que par-dessous. 5 millimètres un quart de hauteur suffisent pour le passage des mouches et même de la reine, elles passeront indifféremment sous les trois divisions. Mais les bourdons ne pourront passer que sous celle du milieu. C'est ici la clef du piége ou appareil.

La voici : Prenez trois feuilles ou lamelles de plomb ou de cuivre longues de 15 à 16 millimètres, larges de 7 et épaisses de 1 ; enroulez un de leurs bouts autour d'un fil de fer ou aiguille, de manière à en former comme une triple charnière ou trappe. Suspendez cette triple charnière devant la division du milieu, à une hauteur telle que le bas des trois petites trappes se porte un peu en avant, et ne descende pas plus bas que le dessus des deux autres divisions.

Les bourdons venant de l'intérieur soulèvent facilement cette barrière à cause de son inclinaison en dehors. Mais elle les arrête impitoyablement à la rentrée. Alors cherchant un autre passage, ils pénètrent dans la hausse que l'on a mise au-dessous. Mais là encore la toile métallique les arrête; quoiqu'elle aussi laisse passer les mouches qui peuvent les avoir accompagnés. Dès lors ils vont, viennent, rentrent, ressortent; enfin s'entassent et restent dans cette hausse.

Vers quatre ou cinq heures du soir, on ferme l'entrée de la hausse qu'on enlève avec son plateau pour la mettre à quelque distance de la ruche. Les mouches qui se trouvent prisonnières avec les bourdons sortent par les mailles de la toile métallique ; mais les bourdons ne pouvant y passer à cause de leur grosseur, on les laisse périr d'inanition, ou plutôt on les assoupit avec de la fumée de salpêtre (205), et on les tue.

La hausse ne doit être placée sous la ruche que vers l'heure de midi, c'est le moment où les bourdons commencent leur promenade aérienne. Il faut la retirer au plus tard à cinq heures du soir, afin de laisser aux abeilles ouvrières le temps de retourner à la ruche. Elles sont lentes à sortir. Celles qui ne rejoignent pas la famille avant le coucher du soleil sont exposées à périr, et si le lendemain matin on les trouve encore vivantes, elles sont sans force, il faut alors les ranimer avec du miel.

Il y aurait des inconvénients à mettre des hausses qui auraient trop de hauteur. Les bourdons n'y resteraient pas, ils iraient se loger dans d'autres ruches qui ne seraient pas armées de trappes.

Avec cet appareil, j'ai détruit de grandes quantités de bourdons dans l'espace de quatre heures.

Comme le tissu de la toile métallique n'est pas toujours régulier, et que, d'un autre côté, il est difficile d'en trouver de la dimension convenable, je me sers de tôle percée en râpe ; les trous étant trop petits, je les agrandis avec l'équarrissoir et leur donne un diamètre de 5 millimètres et demi. On obtient ainsi une régularité parfaite.

Tous les moulins emploient de ces tôles en râpes pour le nettoyage des grains. Comme elles s'usent rapidement, elles sont bientôt mises au rebut. Il est alors facile de les acquérir à bas prix.

203. Enfumoir. (Fig. 12.) — La fumée joue un trop

grand rôle dans la conduite des abeilles pour ne pas lui consacrer quelques lignes. Nous parlerons d'abord de la machine qui la produit, et nous l'appellerons enfumoir. Nous parlerons ensuite de l'action de la fumée sur les abeilles.

L'enfumoir est une boîte ronde en tôle ayant 12 centimètres de longueur et 9 de diamètre. L'un des bouts est formé par un entonnoir renversé dont le tuyau conique ne doit avoir que 7 centimètres de longueur, et de 9 à 10 millimètres de diamètre à l'extrémité. Ce petit tuyau est destiné à la sortie de la fumée. L'autre bout est également formé par un entonnoir renversé. Il existe intérieurement un tuyau qui va, de A en B, s'appuyer dans une rondelle qui sépare la boîte de l'entonnoir. Ce tuyau a un diamètre uniforme de 16 à 18 millimètres, il forme douille ; on y fait entrer le tuyau d'un petit soufflet de cheminée. Pour la solidité, on fera bien d'adapter au soufflet un tuyau d'un diamètre uniforme, de manière qu'en l'introduisant dans le tuyau de l'enfumoir, il le remplisse dans toute la longueur.

Sur le flanc de la boîte on pratique une ouverture longue de 6 centimètres, large de 5, une porte jouant dans des coulisses l'ouvre et la ferme. Cette ouverture sert à mettre les chiffons et le feu. Le jeu du soufflet avive le feu des chiffons et pousse la fumée par le petit tuyau de l'autre extrémité.

Le seul inconvénient de l'enfumoir, c'est que le feu s'éteint quelques minutes après qu'on a cessé de souffler. Pour y obvier, on ouvre la porte pendant les courts intervalles où l'on n'enfume pas.

Depuis quelques années, j'ai renoncé à la tôle, j'ai reconnu qu'il était préférable de faire ces boîtes avec des plaques de cuivre qui ne s'oxide pas. La boîte telle que je

viens de la décrire, doit peser, si elle est toute en cuivre,
quatre hectogrammes, et me coûte 3 francs 25 centimes.
J'indique le poids afin que l'ouvrier puisse prendre des
plaques d'une épaisseur convenable.

204. **Bruissement**. — Si on souffle de la fumée sur
une abeille, son premier mouvement c'est d'agiter les ailes
pour éloigner la fumée qui l'incommode : cette agitation
des ailes s'appelle bruissement. Si on souffle cette fumée
dans l'intérieur d'une ruche, le même effet se produit sur
la plupart des mouches qu'elle contient : c'est aussi ce
qu'on appelle mettre la ruche en bruissement. En été, à
l'entrée des ruches, on voit toujours des abeilles cramponnées par derrière et par devant, la tête baissée, l'abdomen
relevé, et dans cette position agiter vivement les ailes : ce
bruissement a un sens bien différent des autres ; car c'est
un signe de bien-être, c'est encore un moyen pour renouveler l'air de la ruche. Une abeille égarée qui retrouve sa
famille, bruit de joie. Lorsqu'un essaim se rassemble dans
une ruche, des masses d'abeilles battent des ailes : Le
bruissement dans cette circonstance est un signe de rappel. Des abeilles que l'on sépare de leur reine et que l'on
renferme prisonnières dans une ruche, font bientôt entendre un fort bourdonnement qui se renouvellera peut-être
de demi-heure en demi-heure : c'est ici un cri de douleur
et de détresse.

Jamais le bruissement n'est un signe de colère : ainsi la
réunion de deux populations en état de bruissement se
fera toujours sans combat, si, après la réunion, vous
maintenez cet état pendant une demi-heure. Le bourdonnement dans l'intérieur de la ruche est d'autant plus fort
que le bruissement est plus complet.

Avec de la fumée on réussit toujours à mettre les

abeilles en état de bruissement. Avec l'enfumoir il ne faut ordinairement que quelques minutes pour le produire, quelquefois il faut un quart d'heure et plus ; mais quand il est bien établi, quelques bouffées de fumée envoyées de cinq minutes en cinq minutes le maintiennent facilement.

Dans les réunions de ruches, l'enfumoir est presque indispensable, parce qu'il faut beaucoup de fumée et que l'enfumoir la produit abondante et sans effort.

Pour enfumer les abeilles, on se sert généralement d'un rouleau composé de chiffons et ayant la forme et le volume d'un saucisson ; on allume un bout et on souffle dans la direction des abeilles ; mais ce rouleau ne fait pas en dix minutes la besogne que l'enfumoir fait en trois. Aussi, s'il est très-pénible d'opérer des réunions avec le rouleau de chiffons, ces opérations ne sont plus qu'un amusement avec l'enfumoir. Quand je suis armé de cet instrument, je me crois assez fort contre les abeilles pour me passer de masque.

Il faut se servir de l'enfumoir avec mesure. On commence par une fumée modérée et ensuite on augmente par degrés. Si on introduit brusquement une fumée trop épaisse, les abeilles en sont tellement affectées, tellement aveuglées, qu'elles tombent sur le plateau ou qu'elles restent comme asphyxiées entre les gâteaux de leur ruche.

205. Asphyxie momentanée des abeilles. — L'assoupissement momentané des abeilles s'obtient par la fumée du sel de nitre (salpêtre) et du lycoperdon (vesse de loup).

Après avoir placé la ruche sur une hausse dont on calfeutre les joints, on allume du chiffon nitré dans un enfumoir dont l'une des extrémités pénètre dans la hausse où l'on dirige la fumée à l'aide du soufflet. Les abeilles font

entendre un fort bruissement qui va en s'affaiblissant et
bientôt cesse complétement. Si vous leur donnez de l'air
dès que vous n'entendez plus le moindre bruit intérieur,
vous n'en perdrez pas une seule, mais elles ne resteront
assoupies que quelques minutes ; si au contraire, vous les
laissez une minute de plus dans la fumée asphyxiante, l'assoupissement durera peut-être une demi-heure, mais vous
vous exposez à en tuer beaucoup. Une partie des abeilles tombent dans la hausse, les autres restent entre les
rayons ; il faut, avec la barbe d'une plume se hâter de
faire tomber aussi ces dernières dans la hausse. On peut
alors en disposer à volonté.

Quand on n'a pas d'enfumoir à sa disposition, on met le
chiffon nitré sous un morceau de tuile ou dans un tuyau et
aussitôt qu'il est allumé on l'introduit sous la hausse.

On se sert de chiffons de lin, de chanvre ou de coton.
Voici la préparation : Après avoir saturé de salpêtre un
demi-verre d'eau, on y trempe la quantité de chiffons que
l'eau peut imbiber ; on les fait ensuite sécher pour s'en
servir au besoin.

Des chiffons imprégnés de 50 grammes de salpêtre suffisent à asphyxier huit ou dix colonies, à la condition qu'on
utilisera toute la fumée.

J'ai pratiqué l'asphyxie sur une dizaine de ruches, avec
un succès complet, c'est-à-dire que je n'ai pas tué une
seule mouche ; mais je suis encore à chercher les avantages que l'on peut en retirer. Un apiculteur, quelque peu praticien, fera ses essaims artificiels plus vite et plus sûrement
par transvasement (124) que par asphyxie ; en consultant les
articles 71, 165 et 167, il trouvera, pour réunir les ruches
faibles, des moyens plus simples et plus expéditifs que
l'asphyxie. Pour récolter le miel des ruches communes, il

suivra les prescriptions des articles 149 et 150, plutôt que d'asphyxier ses abeilles.

206. Piqûre de l'abeille, remèdes. — Aussitôt après la piqûre, il faut se hâter de retirer l'aiguillon qui y est resté; et comme c'est la petite goutte vénéneuse lancée par les abeilles qui cause la douleur et l'enflure, il faut presser les chairs autour des piqûres pour en faire sortir le venin, laver les plaies avec de l'eau froide, ou y appliquer un peu de chaux vive délayée, ou mieux, de l'alcali volatil; mais comme ces deux remèdes sont d'une certaine causticité, il faut en user avec précaution, et ne les appliquer sur les plaies qu'avec un fétu de paille, dont on pose l'extrémité sur ces plaies, ce qui opère dans l'instant. On obtient le même résultat en lavant les piqûres avec de l'eau vinaigrée. Ce remède est plus facile à se procurer et à employer, mais ses effets sont moins prompts.

Quand les piqûres sont nombreuses, le premier soin, c'est de retirer les aiguillons, de recourir à l'eau froide, y mettre les mains, se couvrir le visage et la tête de linges mouillés; comme les piqûres sont brûlantes, l'eau froide atténue aussitôt les douleurs et l'enflure. Si l'on a des baies de chèvre-feuille fraîches, et qu'on en exprime le jus sur une piqûre, la douleur cesse aussitôt et si l'inflammation était déjà formée, elle ne tarderait pas à disparaître.

Des feuilles de persil qu'on écrase en les frottant sur la plaie, sont aussi très-efficaces.

Le miel et l'huile s'emploient du moins comme liniments.

N'ayant jamais fait usage de ces remèdes, je les donne comme je les ai reçus, c'est-à-dire sans garantie. En ce qui me concerne je me contente d'arracher à l'instant même le dard de la plaie.

207. **Précautions avec les abeilles.** — En passant devant un rucher pour voir de près chaque panier,
évitez de porter le souffle de votre respiration vers l'entrée des ruches, car cela irriterait les mouches.

Quand vous voudrez avoir le plaisir d'examiner leur
travail, approchez-vous, mais ne vous tenez pas en face
des ruches, et ne bougez pas.

Si quelques abeilles menacent de vous attaquer en volant avec vivacité autour de vous, il faut gagner l'ombre,
doucement, sans gesticuler, et leur laisser quelques minutes pour s'apaiser. Les mouvements brusques des bras
et de la tête pour les repousser ne font que les exciter davantage. Voilà les précautions à prendre quand on ne touche pas aux ruches. Si vous avez à y travailler, ne le faites
ni le matin avant leur sortie, ni le soir après leur rentrée
des champs, ni par les temps pluvieux ou orageux : en un
mot, quand la population se trouve à peu près toute réunie, car, dans ce cas, si on tente d'y toucher, il est toujours difficile de les maîtriser; ce n'est qu'avec force fumée qu'on en vient à bout. Enfin quand les bourdons sont
tués et que la campagne ne fournit plus de miel, les abeilles sont très-irritables; on ne peut prévenir leur colère
qu'avec une fumée abondante, dans quelque moment de la
journée qu'on opère.

Si vous ne visitez vos ruches que par une belle journée,
lorsque les abeilles sont en plein travail, quelques bouffées de fumée, lancées avant et après le déplacement,
suffiront pour les calmer; vous n'aurez plus besoin de
tant vous précautionner contre les piqûres; les abeilles
seront tout-à-fait inoffensives; vous pourrez même, à la
rigueur, vous passer de masque. Pour mon propre
compte, je ne m'en sers jamais dans ces circonstances, non

plus que quand il s'agit de recueillir un essaim ; la fumée est mon seul préservatif, et je suis rarement piqué.

208. **Achat de mouches à miel.** — Une personne qui voudra faire l'acquisition de mouches à miel aura égard aux prescriptions suivantes :

N'achetez jamais d'essaim dans le temps de l'essaimage ; c'est un marché aléatoire où l'acheteur est plus souvent dupe que le vendeur. Attendez que les abeilles aient terminé leur récolte, ce qui arrive, dans nos contrées, en juillet et en août. Exigez la faculté de choisir dans le rucher, ou du moins dans un des étages, et cela avant que le propriétaire ait récolté le miel de ses ruches. Choisissez de préférence les essaims de l'année, ceux même qui pèseraient un kilogramme de moins que les ruches anciennes. Pour celles-ci, comme il est très-difficile de connaître leur âge, vous prendrez tout bonnement les plus lourdes et les mieux peuplées. Chaque panier devra avoir 8 kilogrammes de miel. Ce n'est pas trop pour aller sûrement jusqu'au mois de mai. Voilà la règle à suivre si on achète en juillet et en août.

Mais il vaut mieux n'acheter qu'au printemps, on n'a pas les risques de l'hiver à courir, on peut même à cette époque donner un ou deux francs de plus qu'en août.

Trois kilogrammes de miel dans les premiers jours de mars, et deux seulement dans les premiers jours d'avril seront nécessaires à chaque ruche (59) ; la condition la plus importante pour un bon panier, c'est une forte population. Plusieurs moyens vous feront distinguer cette qualité.

Premier moyen. Fin de mars ou commencement d'avril, choisissez une belle journée, un beau soleil, donnez un coup d'œil sur les ruches, remarquez celles qui montrent

le plus d'activité et mettez-y le temps, car c'est pendant
des heures entières qu'il faut examiner leur travail. Les
paniers dont les abeilles sortent et rentrent constamment
en plus grand nombre sont, à n'en pas douter, les mieux
peuplés. Cependant un essaim qui travaille un peu moins
qu'une ruche ancienne ne doit pas être dédaigné.

Deuxième moyen. Vers le coucher du soleil ou dans la
matinée, soulevez doucement chaque panier ; dans les uns,
les abeilles descendent jusque sur le plateau et occupent
tous les gâteaux ; dans les autres, elles n'en occupent
qu'une partie ; les premiers sont certainement plus peuplés que les seconds.

Troisième moyen. Fixez l'oreille contre les ruches ;
frappez quelques coups du bout des doigts, les fortes populations vous répondront par un son plus sourd et plus
prolongé que les autres.

Le lecteur, en consultant l'article 72, comprendra qu'il
peut acheter des essaims dans sa localité même, s'il doit
les transporter sur son rucher immédiatement après leur
mise en ruche ; mais que, pour les autres colonies et
même pour les essaims de quelques jours, il fera beaucoup
mieux d'aller les chercher au-delà d'un rayon de deux ou
trois kilomètres du lieu où il se propose de les établir.

Je suis disposé à croire qu'il en est des abeilles comme
des céréales, les apiculteurs expérimentés changent souvent de semences ; on ne ferait pas mal de faire aussi des
échanges d'abeilles, j'ai pu constater maintes fois que des
colonies transportées à quelques lieues de distance fai-
saient mieux que leurs sœurs qui étaient restées sur le
sol natal.

209. Transport des mouches-à-miel. — Quand
il ne fait pas trop chaud, les ruches peuvent être trans-

portées sur des voitures. Septembre et octobre, ou bien mars et avril sont les deux époques les plus convenables. Les dispositions pour l'enlèvement d'une ruche ne seront faites que dans un moment de la journée où toute la population sera rentrée. D'abord on enfume légèrement la ruche, ensuite on la détache de son plateau et on la tient soulevée avec une petite cale; on enfume de nouveau pour faire monter les abeilles qui se trouvent sur le plateau, et puis, la ruche est posée sur un tablier de cuisine que l'on serre tout autour avec une ficelle. On met dans le fond de la voiture un lit de paille sur lequel sont étendues deux lattes parallèles. La ruche se place sur ces lattes dans sa position naturelle. Une forte ficelle attachée aux échelles la tient fixée et immobile; avec ces précautions et sur un chemin uni on peut aller au petit trop du cheval.

Arrivée à sa destination la ruche est remise sur son plateau avec une petite cale qui la tiendra un peu soulevée et lui donnera de l'air, enfumez alors par-dessous le tablier qui l'enveloppe, desserrez et enlevez-le. Mais s'il y a un certain nombre d'abeilles répandues sur le tablier, attendez qu'elles soient montées. La fumée employée à propos dans cette circonstance aidera merveilleusement à faire pour le mieux.

210. **Manipulation du miel.** — Autant que possible manipulez le miel aussitôt après son extraction de la ruche; comme il est chaud, il se séparera mieux du marc.

Sur une grande terrine vernissée, établissez une claie circulaire, faite de liens d'osier entrelacés, ou de petites tringles rondes en fer. Ce n'est pas trop qu'un écartement de 5 millimètres entre les liens ou les tringles. Broyez et pressez les rayons de miel. Le marc qui reste entre vos mains est placé aux extrémités de la claie. Le tout s'égoutte lentement. De nombreuses parcelles de cire passent aussi avec le miel, mais quelques heures avant que de vider dans la terrine, enlevez ces parcelles pour les rejeter sur la claie, le miel qui s'y trouve mélangé filtre bientôt à travers le marc.

Pour retirer des marcs le miel qui reste, quelques personnes emploient le pressoir; la chaleur du four me semble préférable,

Trois ou quatre heures après avoir défourné le pain, on introduit dans le four la terrine vide et la claie avec ses marcs; quand la chaleur est assez grande pour fondre la cire, tout le miel s'égoutte, mais il est moins beau et moins avantageux pour la vente.

La couche de cire plus ou moins épaisse qui peut se trouver par-dessus le miel n'est pas toute la cire que contiennent les marcs; il faut donc les conserver pour les passer plus tard sous le pressoir.

Les portions de gâteaux qui renferment du pollen, et ceux encore, où le miel est grenu ou figé, seront mis à part et réservés pour les mettre au four avec les marcs dont nous venons de parler.

244. Conservation du miel. — Le miel pur et bien conditionné se fige toujours, quelquefois il reste assez longtemps en sirop, d'autres fois il se fige huit ou dix jours après avoir été façonné.

Le miel craint l'humidité, un séjour de vingt-quatre heures dans une pièce humide peut l'empêcher de prendre; il faut le déposer et le manipuler dans un endroit sec et ne contenant aucune liqueur en fermentation. Quand il est coulé en pot, gardez-vous bien de le mettre à la cave, il ne se durcirait qu'à demi; il se formerait à la surface un sirop très-liquide qui tournerait bientôt à l'aigre et qui

finirait par altérer toute la masse. Placez-le au contraire
dans un lieu sain, au premier étage s'il est possible et au
nord. Avec ces précautions, il se conservera longtemps ; il
se ramollira en été, mais sans rien perdre de ses qualités.

Il y a des années où le miel en sirop se durcit dans une
cave tout aussi bien que partout ailleurs, c'est une expérience qu'on ne doit pas renouveler.

Le miel qui a passé par la chaleur du four ne prend que
longtemps après, il se granule à la façon du beurre fondu,
tandis que l'autre, du moins dans notre pays, se fige à la
manière du saindoux.

212. Façon ou fonte de la cire. — Remplissez
d'eau, aux deux tiers, une grande chaudière ; à mesure
que l'eau s'échauffe, versez-y la cire brute, répandez et
remuez avec un bâton ; lorsque le tout est bien délayé,
bien fondu et à l'état d'ébullition, videz dans le sac que
vous avez préparé dans la caisse du pressoir. Il faut toujours proportionner la masse à pressurer avec le diamètre
de la caisse, et faire en sorte qu'après la pression, le pain
de marc n'ait pas une épaisseur de plus de 5 à 6 centimètres. Avec un peu de pratique on saura bientôt établir
la proportion. Le premier marc renferme encore de la
cire, il faut le remettre dans la chaudière, le détremper
dans de l'eau bouillante et le passer une seconde fois sous
le pressoir. La cire pour son extraction complète exige
une forte pression. Aussi, remarquez ce qui se passe pour
ce second marc, c'est l'eau qui coule d'abord, la cire ne
s'échappe ensuite que sous les efforts d'une pression plus
considérable.

La cire que nous venons d'extraire n'est point encore
épurée, faisons-la fondre dans une quantité suffisante d'eau,
écumons et laissons refroidir le tout dans la chaudière.

Après le refroidissement, il ne reste plus qu'à retirer le pain de cire et à racler le sédiment boueux qui s'est formé par le dessous.

La cire en ébullition monte et extravase comme le lait; ne quittez donc pas la chaudière; ayez toujours un peu d'eau sous la main pour en verser au besoin et prévenir tout accident.

213. Rendement de la cire brute. — Les rayons d'un essaim rendent en cire façonnée au moins les trois quarts de leur poids; ceux de cinq à six ans rendent à peine le tiers. Si les derniers donnent si peu de cire, c'est qu'étant tapissés d'une couche de pellicules qui ont servi d'enveloppes au couvain, ils en deviennent deux et trois fois plus lourds que les rayons d'essaim. Mais la même surface des uns et des autres renferme à peu près la même quantité de cire. Si des auteurs se sont aventurés à nous dire que les vieux rayons ne contiennent plus ou presque plus de cire, c'est que leurs procédés d'extraction sont essentiellement défectueux. Pour retirer toute la cire des vieux gâteaux, il faut un bon pressoir.

Un mélange de gâteaux vieux et nouveaux fournit en cire façonnée les deux et quelquefois les trois cinquièmes de son poids. On comprend que si les vieux dominent on retirera moins que si ce sont les nouveaux.

214. Cire qu'on retire d'une ruche. — Prenons pour exemple une petite ruche à deux hausses ayant 33 centimètres de diamètre sur 22 de hauteur, et jaugeant par conséquent dix-huit litres sept dixièmes de litre.

Cette ruche renfermera environ 43 décimètres carrés de gâteaux.

Un décimètre carré de gâteau à petites cellules, blanc

et n'ayant pas encore servi de berceau aux abeilles, pèse 11 grammes.

C'est donc 473 grammes que pèserait la totalité des gâteaux de cette ruche, s'ils étaient blancs et purs de tous corps étrangers.

Ces gâteaux blancs rendent à la fonte presque tout leur poids en cire pure. Quand ils sont vieux, quoique deux et trois fois plus lourds, ils ne rendent pas davantage. Donc la cire pure qu'on peut retirer d'une telle ruche ne doit pas dépasser 450 grammes. Prenant notre ruche pour terme de comparaison et connaissant la capacité de celle qu'on emploie, on saura très-approximativement la quantité de cire qu'on peut en retirer.

215. Pressoir. (Fig. 13, 14.) — Deux semelles ou socles de chêne longs de 1 mètre sur 10 centimètres d'équarrissage (A-A). Sur le milieu de chaque socle, et dans une mortaise peu profonde, s'élève un montant de 10 centimètres d'équarrissage et haut de 90 (B-B).

Ces deux montants sont couronnés d'une traverse de 80 centimètres de longueur sur 18 ou 20 d'équarrissage, elle se relie aux montants au moyen de mortaises peu profondes (C). Dans le milieu de cette traverse, est pratiqué un trou vertical où s'adapte l'écrou, lequel, pour plus de solidité, est brasé à une rondelle de fer épaisse de 12 à 14 millimètres qui est fixée par-dessous la traverse (D). Dans cet écrou se meut une vis en fer ayant 6 centimètres de diamètre, et 5 millimètres de pas, et portant un pommeau percé d'un trou horizontal de 25 millimètres dans lequel on introduit un levier de force qui doit avoir environ 1 mètre 80 de long. Le levier sera de frêne ou d'orme, excepté le bout qui pénètre dans le pommeau, lequel bout sera de fer sur une longueur de 10 centimètres, se rattachant à la hampe par une douille longue de 20 centimètres.

La pression de haut en bas tendant à arracher la traverse supérieure des montants qui la supportent, et ceux-ci, de leurs socles, il faut donner à cet assemblage une grande force d'union et de résistance. Pour cela, deux bandes de fer larges de 6 centimètres, épaisses de 8 millimètres, s'adaptent à cheval sur les extrémités de cette traverse, et descendant le long des montants, s'arrondissent vers le bas, en forme de boulons pour percer les socles au-dessous desquels elles se fixent et tendent au moyen d'écrous (E-E). Dès lors, aucun écartement vertical ne pourrait avoir lieu, sans briser les brides ou étriers de fer, ce qu'on peut regarder comme impossible.

Sur les socles et contre les bandes de fer on place deux traverses longues de 80 centimètres, larges de 24, épaisses de 5 ou 6, on les relie aux bandes et aux montants par deux boulons qui, traversant ces bandes et ces montants, les serrent au moyen d'écrous (F-F). Les deux traverses sont destinées à supporter le plateau où l'on dépose les objets à pressurer ; elles sont également nécessaires pour empêcher l'écartement des semelles.

L'ensemble de l'appareil se fixe au pavé par des broches en fer, que l'on insinue dans des trous percés à cet effet aux bouts des socles, et auxquels correspondent des trous semblables dans le pavé (G-G). Ces broches sont mobiles, afin qu'on puisse enlever le pressoir dès qu'on n'en a plus besoin. Malgré cela leur solidité est telle, qu'on n'a nullement besoin d'appuyer le pressoir contre un mur. On peut donc, si le local est assez grand, établir ce pressoir au milieu afin de pouvoir tourner à l'entour et travailler sans reprises, ce qui facilite et accélère le travail.

Pour opérer, on commence par couvrir le plateau d'une couche de tringles rondes en fer ayant 1 centimètre de diamètre. Sur ces tringles on pose une forte toile métallique (fig. 14), et par-dessus cette toile on établit une caisse sans fond. Celle-ci peut être en bois, fortement cerclée, ou mieux en tole de 1 millimètre et demi d'épaisseur sur 30 de hauteur et 35 ou 40 de diamètre. Elle sera percée de petits trous de 1 centimètre sur toute sa circonférence inférieure, car il est inutile de la percer par le haut.

L'essentiel pour bien pressurer, c'est d'avoir des sacs assez solides pour résister à la pression. Il faut un tissu à claire-voie, fait avec de la ficelle composée de six fils de bon chanvre. Je dis un tissu à claire-voie, parce que, gonflé par la matière bouillante, ce tissu se trouvera encore suffisamment serré pour retenir le marc.

Afin de ménager le sac et de l'empêcher de soulever la caisse, on fera bien de mettre au fond de celle-ci un lit très-mince de paille ou d'étoupe.

Les tringles et la toile métallique placées sous la caisse tenant le fond du sac à distance du plateau, l'eau et la cire s'écoulent par leurs interstices.

A mesure que le liquide s'échappe, le sac tend à s'interposer entre les parois de la caisse et la planche de chêne qui le recouvre. On pare à cet inconvénient en ajustant sur le sac une corde grosse de 15 à 20 millimètres qui contourne la circonférence intérieure de la caisse.

Le pressoir que je viens de décrire me sert à pressurer non seulement de la cire, mais encore du raisin. La caisse à mettre le raisin, sans être plus haute, doit avoir un diamètre plus grand que celle à contenir la cire.

216. **Loi sur les abeilles.** — Toute notre légis-

lation actuelle sur les abeilles se trouve dans les dispositions suivantes de la loi du 28 septembre 1791, et dans
l'article 54 du *code civil*.

« Le propriétaire d'un essaim a droit à le réclamer et
de s'en saisir tant qu'il n'a pas cessé de le suivre ; autrement l'essaim appartient au propriétaire du terrain sur lequel il est fixé.

» Les ruches d'abeilles ne peuvent être saisies ni vendues pour contributions publiques, ni pour aucunes causes
de dettes, si ce n'est par celui qui les a vendues ou celui
qui les a concédées à titre de cheptel ou autrement.

» Pour aucunes causes, il n'est permis de troubler
les abeilles dans leurs courses et travaux ; en conséquence,
même en cas de saisie légitime, les ruches ne peuvent
être déplacées que dans les mois de *décembre, janvier* et
février. »

Article 54 du *Code civil :* « Sont immeubles par destination, quand elles ont été placées par les propriétaires
pour le service et l'exploitation du fonds... les ruches à
miel. »

Appendice. — Sous ce titre nous nous sommes ré-
servé de revenir sur des erreurs d'impression ou sur des
matières omises.

**Rajeunir les ruches communes et à
calotte.** — Une colonie, dont les édifices datent
de cinq à six ans, ne prospère plus. On nous op-
posera plusieurs exemples de vieilles ruches qui essaiment et donnent du miel ; ce sont des exceptions dont on
ne doit pas tenir compte. Il faut donc chercher un moyen
de renouveler les vieilles constructions. La ruche à hausses se prête admirablement à cette rénovation, mais les ruches commune et à calotte présentent des difficultés sé-

rieuses. Nous allons exposer la pratique de plusieurs apiculteurs distingués qui font usage de ces dernières ruches.

1° Quand nous avons plus de colonies que nous ne voulons en conserver, notre conduite est toute tracée : nous supprimons autant de vieilles ruches que nous avons d'essaims pour les remplacer, mais, au lieu de tuer sottement et brutalement les abeilles avec leur couvain, nous opérons une réunion qui sauvegarde tous les intérêts. L'article 150 nous donne les moyens d'y arriver.

2° Si nous voulons augmenter le nombre de nos ruches, il faut rajeunir les vieilles, et pour cela il se présente trois moyens qui réussiront dans les bonnes années. Le premier moyen consiste à couper au printemps tous les rayons à 10 ou 12 centimètres de profondeur. C'est ce que nous avons conseillé dans l'article 48. Les abeilles, après avoir reconstruit la portion enlevée, placeront une grande partie de leur couvain dans la cire nouvelle. C'est là le point essentiel, car la vieille cire est nuisible surtout au couvain. Ce moyen n'est qu'une demi-mesure, mais il a l'avantage de ne rien hasarder et de ne pas effrayer les gens peureux.

Le second moyen est plus énergique; il est employé avec succès par des apiculteurs habiles qui ont la ressource de la bruyère et du sarrasin : avant la floraison de ces deux plantes, ils pratiquent une taille sur toutes leurs vieilles colonies. Ils enlèvent complétement tous les rayons d'une moitié de la ruche, et, l'année suivante, ils retranchent ceux de l'autre moitié, en sorte que les édifices se trouvent entièrement renouvelés. On nous dira qu'avec ce mode, on sacrifie du couvain, mais cette perte est peu regrettable, vu l'avantage qu'on a de renouveler ce qui est vieux.

Le troisième moyen, quoique radical, ménage tous les intérêts : il consiste à transvaser les abeilles dans une ruche vide, et à placer la souche sous une autre colonie, pour sauver le couvain. La vieille ruche renversée sens dessus dessous sera placée absolument comme il est dit dans l'article 154; et au moment de récolter le miel, on la supprimera. Le panier qui contient les abeilles prendra la place de la souche. Le transvasement se fera selon la méthode et avec les précautions indiquées dans l'article 124.

Le troisième moyen, peu hasardeux pour les contrées favorables aux abeilles, l'est beaucoup pour celles qui leur offrent peu de ressources. Cependant, tout bien considéré, on ne perd rien en aucun cas, car si l'essaim ne réussit pas, on a le peu de miel qu'il a amassé ainsi que celui de la souche.

Le transvasement peut être retardé jusqu'à la fleur de la bruyère et du sarrasin, mais quand on n'a pas cette ressource, il faut le faire au moment de l'essaimage.

Le premier moyen est praticable pour toutes les vieilles colonies, quelle que soit leur population, mais le second et le troisième n'ont de chances de succès que sur des ruches bien peuplées. Il faut que la totalité des abeilles puisse présenter le volume d'un essaim ordinaire.

Il y a encore un quatrième moyen de rajeunir les vieux gâteaux. Pour cela, il faut que la ruche essaime, ce qui est assez rare. Vingt jours après son essaimage, on enlève quatre ou cinq rayons du centre; on y trouve peu de miel, et tout le couvain est éclos. Les années suivantes, on enlèvera les rayons des côtés.

Eau; faut-il en fournir aux abeilles? — J'ai donné de l'eau aux abeilles en observant toutes les prescriptions que j'avais lues dans les livres. Les mouches, comme pour me plaire, allaient s'y abreuver, dans les journées pluvieuses et lorsqu'elles pouvaient trouver de l'eau sur toutes les feuilles, mais par le beau temps elles oubliaient complétement de le faire.

Les abeilles sont coutumières. — Quand on change leur plateau contre un autre de physionomie différente, les abeilles paraissent désorientées, elles entrent avec défiance ; je les ai vues même parfois se jeter dans les colonies voisines et cela parce que les plateaux ressemblaient à celui qu'on leur avait enlevé.

Erratum. — Page 6, ligne 15, au lieu de concours *agricole*, lisez : concours apicole. Cette erreur qui a été rectifiée pendant le tirage ne se trouve pas par conséquent dans tous les exemplaires.

Récolte du miel au printemps. — Récolter le miel au printemps, comme on le fait dans certains pays, est un usage plus sûr pour les apiculteurs inexpérimentés. Mais le miel qui passe l'hiver dans la ruche sera toujours inférieur au miel que l'on récolte soit en juillet, soit en septembre.

Activité de l'essaim primaire et du secondaire. — L'essaim primaire travaille souvent le jour même de sa mise en ruche ; jamais l'essaim secondaire.

Abeilles engourdies en mai. — Dans la soirée d'une journée froide de mai, on voit parfois, en avant des ruches, quantité d'abeilles engourdies par le froid ; on fait bien de les recueillir et de les mettre sous une ruche ; elles y sont généralement bien accueillies.

Chant sur les abeilles, pour les petites écoles.

Air : *Au clair de la lune.*

Petites abeilles,
Vous me ravissez ;
Oh ! que de merveilles
Vous réunissez !
Dans la petitesse,
Votre agilité
Est jointe à l'adresse,
A l'utilité.

Vos petites ailes
Sont votre soutien ;
Vous cherchez par elles
Tout votre entretien ;
Petite cohorte
Venez et sortez ;
C'est Dieu qui vous porte
Lorsque vous volez.

Jamais fainéantes
Pendant la saison ;
Toujours voltigeantes
Pour votre moisson ;
Sans train, sans machine,
Et sans attirail,
Une main divine
Vous met au travail.

Belle république,
Ton gouvernement
Est tout pacifique,
Ah ! qu'il est charmant !
Les unes résident
Pour l'œuvre au-dedans,
Les autres président
Au travail des champs.

Tout se fait dans l'ordre,
Sans confusion,
Jamais de désordre
Dans votre maison ;
Chacune s'accorde,
La paix est chez vous ;
La triste discorde
N'est que parmi nous.

La reine fredonne
Et vous l'écoutez ;
Sitôt qu'elle ordonne,
Vous obéissez ;
Ah ! fais-je de même ?
Suis-je obéissant
A la loi suprême
Du Roi tout-puissant ?

Aimables abeilles,
Ce n'est pas pour vous,
Vos travaux, vos veilles,
Hélas ! sont pour nous ;
Sages ouvrières,
Un Dieu par vos soins,
En mille manières
Veille à nos besoins.

Vous prenez l'essence
D'une belle fleur ;
Et, par la puissance
Du divin Auteur,
Vous savez réduire
Selon vos instincts,
En miel et en cire
Vos petits butins.

(Auteur inconnu.)

Fig. 11 - Art. 202.

Fig. 13.   Art. 215.

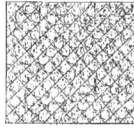

Fig. 10.   Art. 202.

Fig. 9.   Art. 195.

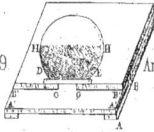

Fig. 14.   Art. 215.

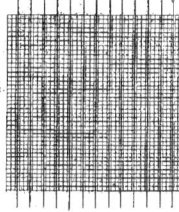

Fig. 4 - Art. 169.

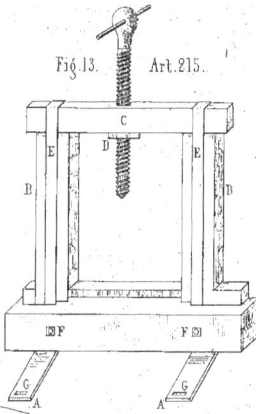

Fig. 1.   Art. 2.

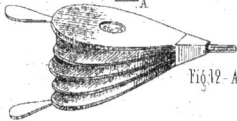

Fig. 12 - Art. 203.

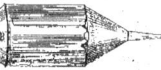

Fig. 2.   Art. 2.

Fig. 3   Art. 2.

Fig. 6 - Art. 188.

Fig. 5 - Art. 188.

Fig. 8 - Art. 192.

Fig. 7 - Art. 189.

Lith. L. Chrestaphi Nancy.

NANCY, IMPRIMERIE DE A. LEPAGE, GRANDE-RUE, 14.

www.ingramcontent.com/pod-product-compliance
Lightning Source LLC
Chambersburg PA
CBHW070806270326
41927CB00010B/2315